SEEIGEL
IM MEERWASSERAQUARIUM

Daniel Knop

9

Bildnachweis
Titelbild: *Phyllacanthus imperalis*
Bild Seite 1: *Astropyga radiata*
Fotos und Grafiken ohne Nachweis vom Autor

ISBN: 978-3-86659-080-9

An der Kleimannbrücke 39/41
48157 Münster
www.ms-verlag.de
Geschäftsführung: Matthias Schmidt
Lektorat: Kriton Kunz
Layout: Nick Nadolny
Druck: Druckhaus Fromm, Osnabrück

Inhalt

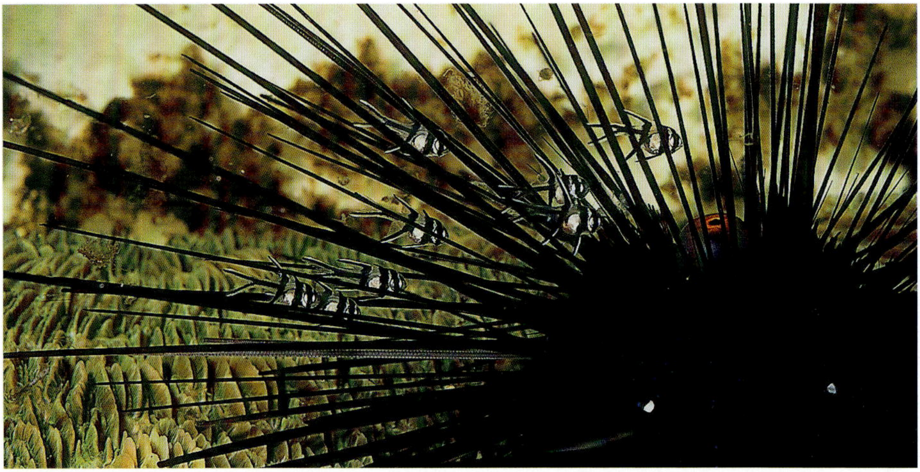

Junge *Pterapogon kauderni* suchen im Stachelwald eines Diadem-Seeigels (*Diadema setosum*) Zuflucht.
Foto: R. Hebbinghaus

Vorwort

Seeigel als Tiergruppe sind dem Menschen vor allem deshalb so allgemein bekannt, weil man ihnen auch im Flachwasser am Küstenstreifen begegnet, bisweilen sogar außerhalb des Wassers in der Gezeitenzone. Allerdings handelt es sich bei ihnen um sehr ungewöhnliche Kreaturen, denn anders als Fische oder Krebse können sie uns beispielsweise nicht anschauen. Ihre Lebensweise unterscheidet sich von derjenigen anderer Tiere sehr, und es ist kaum möglich, ihnen im Aquarium ein geeignetes Umfeld zu bieten, ohne vorher Verständnis für ihre Besonderheiten entwickelt zu haben. Optimieren wir unser Riffaquarium für Korallen und deren Bedürfnisse, dann wird es den Anforderungen der Seeigel kaum gerecht werden können. Auch Nahrungskonkurrenz, etwa durch pflanzenfressende Fische, trägt oft dazu bei, ihnen das Leben zusätzlich zu erschweren. Und da sie im Handel meist recht preiswert angeboten werden – sie sind als langsame Tiere im Flachwasser eben leicht zu sammeln –, entsteht genau hier die Gefahr, dass sie zu „Verbrauchstieren" gemacht werden, die man bei Bedarf kauft und als Algenvernichter einsetzt.

In den Anfängen der Meerwasseraquaristik gehörten Seeigel zu den wenigen Wirbellosen, die unter den typischen Bedingungen eines Korallenfischbeckens überlebten, etwa in den 1960er-Jahren. Doch erst die modernen Korallenriffaquarien geben uns die Möglichkeit, Seeigeln eine naturähnliche Umgebung zu bieten, vorausgesetzt, wir wählen die besonders aquariengeeigneten Arten aus und schaffen die passenden Voraussetzungen. Genau dabei möchte ich mit diesem Buch helfen, indem ich das nötige Wissen über diese interessante Tiergruppe vermittle.

Daniel Knop, Sinsheim und Manila, im Herbst 2008

Seeigel *Salmacis bicolor* im Aquarium
Foto: E. Thaler

Was sind Seeigel?

Seeigel kennt eigentlich schon jedes Kind – die Namensanalogie zum drolligen, knopfäugigen Igel aus Feld, Wald und Wiese macht dieses Meerestier für jeden Strandspaziergänger interessant. Oft landen die kugelförmigen Skelette als Souvenirs zwischen den gesammelten Muschelschalen, und nicht wenige Strandurlauber nehmen auch ein weiteres Seeigel-Souvenir mit nach Hause: einen abgebrochenen Stachel, der im Fuß steckt und sich wegen der zahllosen winzigen Widerhaken nicht mehr herausziehen lässt.

Andere kennen Seeigel vornehmlich aus der Gastronomie, obgleich man beim Betrachten dieser ungewöhnlichen Tiere eigentlich kaum den Eindruck gewinnt, dass an ihnen etwas Essbares sein könnte. Tatsächlich eignen sich in der Regel weniger als 20 % ihrer Körpermasse zum Verzehr: Nur die sternförmig angeordneten Keimdrüsen, die orange- bis rosafarbenen Ovarien und Testikel werden gegessen. Was bei manchem Abscheu weckt, macht Gourmets den Mund wässrig – über Geschmack lässt sich bekanntlich nicht streiten –, doch das Verspeisen der Seeigelgonaden hat jahrtausendelange Tradition, denn bereits die alten Römer und Griechen schätzten sie sehr. Und in Frankreich hat man mit dem „Coupe-Oursin", dem „Seeigelschneider", eine spezielle Zange entwickelt, um das Kalkskelett der Tiere zu öffnen. Aber nicht nur in den

Temnopleurus toreomaticus im Riffaquarium
Foto: E. Thaler

mediterranen Ländern wird der Seeigel allgemein als Delikatesse geschätzt, sondern auch in Japan liebt man die Keimdrüsen dieser stacheligen Tiere und genießt sie beispielsweise als „Uni“ mit Sushi oder als „Seeigelreis“. Seeigel haben auf der Welt also viele Freunde ...

Der typische Ansatz der Meeresaquarianer dürfte jedoch ein gänzlich anderer sein, denn bei der Aquarienpflege dieser „Meeresfrüchte“ geht es ihnen meist um die Artenvielfalt ihres Riffbeckens. Sehr oft steht auch die Ernährungsweise der Seeigel im Vordergrund, denn viele Arten haben sich so sehr auf pflanzliche Kost spezialisiert, dass sie im Aquarium einen beträchtlichen Fraßdruck auf ungeliebte Algen entwickeln können. Und manche Aquarianer pflegen Seeigel auch aus ganz speziellem Interesse an der ungewöhnlichen Körperform und Lebensweise. Ein Seeigel bewegt sich ohne Kopf, ohne Augen, und doch kann er sich orientieren. Sein Körper ist nicht viel mehr als eine Kugel und besitzt weder Arme noch Beine – und doch kommt er relativ zügig von der Stelle. Er besitzt kein Gehirn, kein zentrales Nervensystem, kann aber trotzdem auf Umweltreize reagieren.

Oberflächlich gesehen ist ein Seeigel nicht viel mehr als eine Art „Stachelkugel“. Schaut man jedoch genauer hin, entdeckt man kleine, schlauchförmige Saugfüßchen, und betrachtet man ihn im Detail, sieht man oft auch winzigste Greifzangen, die gezielt bewegt werden können. Sie dienen dazu, Fremdkörper von der Körperoberfläche zu entfernen, z. B. die Larven anderer Riffbewohner oder Algen. Seeigel bewegen sich so langsam, dass sie sehr unauffällig sind, was den Druck durch Fressfeinde verringert. Zudem sind sie durch ihr Stachelkleid hervorragend geschützt – zumindest vor denjenigen, die sich nicht auf sie als Nahrung spezialisiert haben.

Ungewöhnlicher Körperbau

Seeigel sind, wie auch andere Stachelhäuter, aus Organismen hervorgegangen, die erheblich komplexer waren und eine andere Körpersymmetrie besaßen. Doch warum entwickelt sich eine so ungewöhnliche Lebensform wie die der Seeigel? Warum verzichtet eine Tiergruppe auf Kopf und Arme und bildet im Lauf ihrer Entwicklung statt üblicher, gelenkiger Beine bewegliche Stacheln, um darauf umherzulaufen? Um die Seeigel wie auch andere Stachelhäuter besser verstehen zu können, müssen wir einen Blick auf ihre Entwicklung werfen.

Die festsitzenden Seelilien der Klasse Crinoidea – hier ein fossiles Exemplar – leben heute nur noch in der Tiefsee. Sie sind mit Seeigeln verwandt.

Wir Menschen haben uns an eine bestimmte Symmetrieform gewöhnt: Unser Körper hat zwei gleiche Seiten – die linke und die rechte. Man bezeichnet dies als „bilaterale Symmetrie“, und diese Bauform finden wir auch bei allen anderen Wirbeltieren, ob Maus, Elefant oder Fisch. Selbst Tiere, die entwicklungsgeschichtlich viel weiter vom Menschen entfernt sind, etwa Krebse, besitzen zwei Körperhälften, in denen alles paarig angelegt ist.

Eine festsitzende Lebensweise, die wir im Meer bei vielen Wirbellosen finden, stellt jedoch ganz andere Anforderungen, denen sich Organismen anpassen müssen. Ihr Körper ist sehr viel einfacher konstruiert als der eines Wirbeltiers, und in der Regel finden wir bei ihnen auch eine andere Form der Körpersymmetrie, denn sie sind kreisförmig aufgebaut. Dazu gehören vor allem die Nesseltiere wie Quallen (Scyphozoa) oder Korallen (Cnidaria).

Drehen wir in der Entwicklung der Stachelhäuter – und damit der Seeigel – die Zeit doch einmal ein wenig zurück, um, sagen wir, 300 Millionen Jahre. Aufgrund fossiler Funde vermutet man heute, dass die Stachelhäuter – zu denen neben den Seesternen, Seegurken, Schlangensternen und anderen auch die Seeigel gehören – aus gemeinsamen Vorläufern hervorgegangen sind, die mit den Seelilien (Klasse Crinoidea) verwandt waren. Seelilien lebten vor 450–200 Millionen Jahren, in einem Zeitalter, das als Silur bezeichnet wird. Sie wirkten tatsächlich blumenhaft, denn sie besaßen einen säulenartigen Stil, der am Bodengrund verankert war, und einen kelchförmigen Körper (Theca), der tentakelähnliche Brachiolen trug, mit denen Nahrung gefangen wurde.

Ursprünglich waren sie aus Tieren hervorgegangen, die eine bilaterale, also zweiseitige Körpersymmetrie besessen hatten und sehr wahrscheinlich beweglich waren. Das können Wissenschaftler noch heute an-

Seeigel und andere Stachelhäuter besitzen eine fünfstrahlige, kreisförmige Körpersymmetrie, die als pentaradiäre Symmetrie bezeichnet wird.

hand der Entwicklung von Seeigellarven nachvollziehen, denn diese durchlaufen all die unterschiedlichen Stadien ihrer Entwicklungsgeschichte, bevor sie zu einem Seeigel werden. Irgendwann sind diese Seeigel-Vorfahren dann aber offensichtlich sessil geworden, um ihr Leben an einer bestimmten Stelle zu verbringen. Der Verzicht auf Mobilität kann durchaus vorteilhaft sein, denn im Weglassen von Entbehrlichem liegt oft ein großer Fortschritt. Ein Organismus, der sich nicht fortbewegt, muss keinen Bewegungsapparat entwickeln, und auch das Nervensystem kann wesentlich vereinfacht werden. Spart man auf diese Weise viel Energie, kommt man mit weniger Nahrung aus und vermag dadurch vielleicht sogar ein nahrungsärmeres Habitat zu besiedeln, in dem viele andere Arten nicht überlebensfähig sind.

Man kann davon ausgehen, dass ein kreisrunder Körperbau für ein festsitzendes Tier vorteilhafter ist als eine bilaterale Körpersymmetrie mit zwei spiegelbildlichen Hälften, denn wir finden ihn auch bei anderen sessilen Organismen, etwa den Nesseltieren. Man spricht hierbei von einer „Radiärsymmetrie". Dabei sind alle anatomischen Strukturen in kreisförmiger Anordnung vorhanden, was letztlich dazu führt, dass ein solches Lebewesen sich sehr leicht durch Teilung vermehren kann, weil ja ein beliebiges Segment dieses kreisrunden Körpers alle anatomischen Strukturen besitzt, die für den Gesamtorganismus nötig sind. Viele Vorteile sprachen bei den Seeigelvorläufern also für eine festsitzende Lebensweise mit kreisförmiger Körpersymmetrie.

Doch irgendwann vor rund 300 Millionen Jahren muss dann in der Entwicklungsgeschichte der Stachelhäuter-Vorfahren Mobilität allmählich wieder vorteilhafter geworden sein. Vielleicht waren neue Räuber aufgetaucht, oder die Ernährungssituation hatte sich verändert; aus irgendeinem Grund konnten die Tiere durch die Entwicklung von Beweglichkeit offenbar ökologische Nischen besetzen, die neu entstanden waren, und hier begann die Entwicklung der Stachelhäuter und letztlich auch der Seeigel, die in diesem Buch vorgestellt werden.

Doch Beine zur Fortbewegung standen diesen Seeigelvorläufern nicht mehr als ausbaufähige Anlagen zur Verfügung. Im Meer lebende Wirbeltiere konnten bei der Entstehung der Landwirbeltiere ihre vorhandenen Flossen in Laufbeine umwandeln. Die sessilen Vorläufer von Seeigeln hingegen besaßen keine derartigen Strukturen mehr, denn ihre Vorfahren hatten sie längst „wegrationalisiert". Lediglich noch vorhandene Körperanhangsgebilde konnten sie nutzen, um eine neue Beweglichkeit zu entwickeln, und genau das führte zu der uns heute eher skurril anmutenden Fortbewegungsweise der Seeigel, die nicht auf Beinen laufen, sondern auf Stacheln.

Stachelhäuter ließen also den Organismus, den ihre Vorfahren vereinfacht hatten, wieder komplexer werden. Dazu mussten sie nicht nur Körperteile entwickeln, die sich bewegen ließen, sondern auch das dazu nötige Nervensystem, mit dem sich ein solcher Bewegungsapparat steuern ließ. Im Rahmen dieser „Umbauarbeiten" ihres Organismus bildeten sie die Bauform aus, die als „pentaradiäre Symmetrie" bezeichnet wird. Sie besteht aus fünf gleichen Körpersegmenten mit jeweils einer eigenen Symmetrieachse, allesamt um einen Mittelpunkt herum angeordnet. Gleichzeitig wurde der Organismus erheblich komplexer, weil die Beweglichkeit natürlich auch eine Orientierung in der Um-

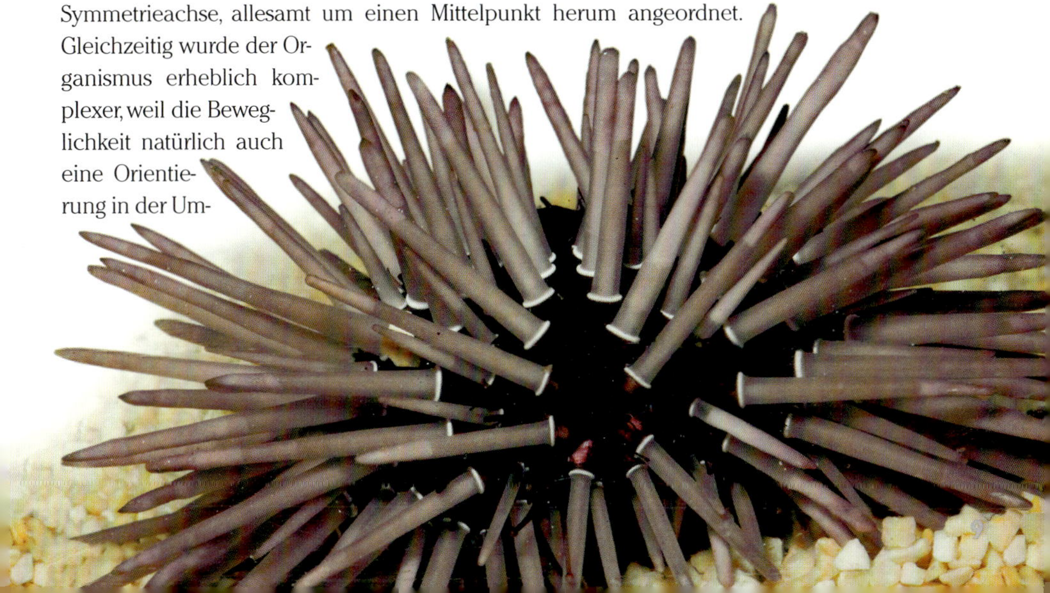

Viele Seeigel-Arten bewegen sich auf ihren Stacheln fort.

Echinothrix calamaris in der Lagune eines philippinischen Korallenriffs

welt nötig macht. Interessanterweise gelang es den Stachelhäutern, ihren gesamten Bewegungsapparat ohne ein Zentralnervensystem zu steuern, ohne ein Gehirn. Berücksichtigt man, wie komplex bereits die Bewegung eines einzigen ihrer Saugfüßchen ist, so kann man über die Tatsache, dass eine so gewaltige Zahl an Stacheln, Saugfüßchen und Pedicellarien mit einem derart einfach gebauten Nervensystem gezielt und koordiniert bewegt werden kann, nur staunen.

Diademseeigel – hier *Diadema setosum* – leben oft in riesigen Gemeinschaften.

Wo leben Seeigel in der Natur?

Seeigel haben nahezu alle Zonen der Meere erobert. Man trifft sie in der Flachwasserzone im Küstenbereich, in Lagune, Seegraswiese und sämtlichen anderen Riffzonen, und selbst außerhalb der Korallenriffe findet man auf dem Meeresboden zahlreiche Seeigelarten. In all diesen Habitaten sind die Lebensbedingungen aber so unterschiedlich, dass massive körperliche Anpassungen notwendig

Bei Ebbe sieht man in der Gezeitenzone häufig Seeigel – hier *Echinometra mathaei* –, die sich ganz in ein Bohrloch zurückgezogen haben und auf die Rückkehr des Meerwassers warten.

waren – Seeigel sind also Spezialisten für bestimmte Umgebungsbedingungen. In der Regel zeigt sich eine solche Spezialisierung auf bestimmte Lebensräume auch sehr deutlich an ihrem Äußeren; stärkste Wasserturbulenzen beispielsweise erfordern dicke, stabile Stacheln, die auch andere Funktionen ausfüllen als etwa die dünnen, zerbrechlichen Stacheln eines Diademseeigels, denn mit ihnen muss sich das Tier bei stärkstem Wellenschlag in Vertiefungen und Gesteinsspalten regelrecht verkeilen können. Manche Seeigelarten gehen sogar so weit, mit ihrem Zahn/Kiefer-Apparat Vertiefungen in das Kalkgestein zu bohren, um sich während der Ebbe mit Hilfe ihrer Stacheln darin zu fixieren. Seeigel hingegen, die in der Sandzone leben, benötigen einen abgeflachten Körper, weil dieser dem Sand bei der Fortbewegung weniger Widerstand entgegensetzt. Auch hat sich bei ihnen der Fressapparat massiv verändert, denn im Gegensatz zu den meisten anderen Seeigelarten nagen sie nicht den Aufwuchs von einem festen Substrat ab. Zu Hause sind die rund 900 Seeigelarten in nahezu allen marinen Lebensräumen, von tropischen bis zu kalten Meeren, von der Gezeitenzone bis in Tiefen von ca. 6.000 m. Die Zahl der Arten, die in Korallenriffen leben, ist jedoch mit 180 vergleichsweise gering.

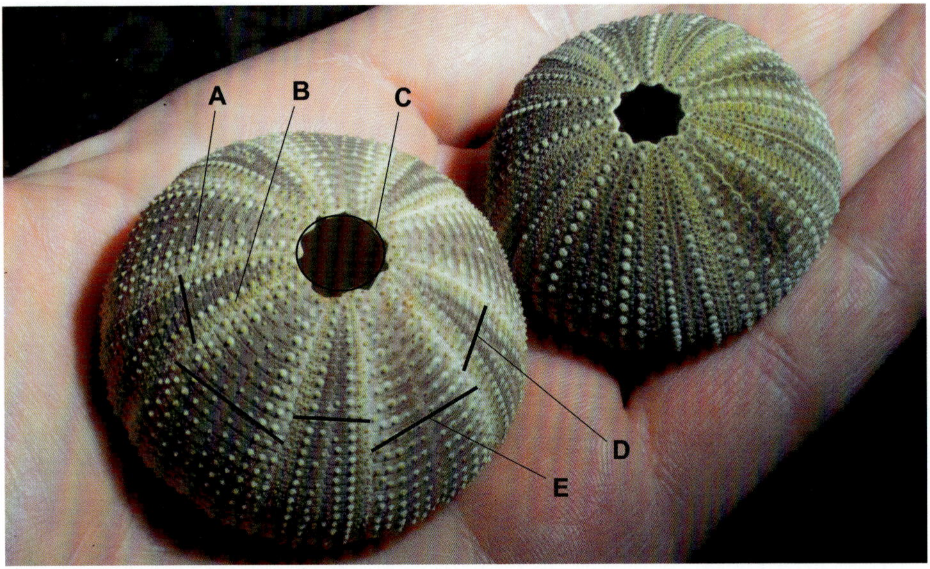

Typische Seeigelskelette; A = Tuberkel für Stacheln, B = Porenreihen für Saugfüßchen (Ambulakralfüßchen), C = Apikalsystem (ausgebrochen), D = Ambulakra (Zone mit Ambulakralfüßchen), E = Interambulakra (Zone ohne Ambulakralfüßchen)

Grafische Darstellung des Apikalsystems, A = Terminalplatten, B = Genitalplatten, C = Madreporit (s. Kasten Ambulakralsystem), D = Periproctalplatten, E = Anus, F = Gonopore (Geschlechtsöffnung)

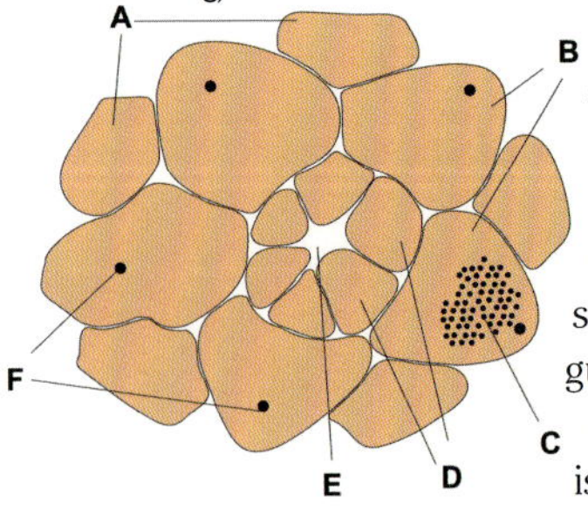

Physiologie und Lebensweise von Seeigeln

Skelett

Seeigel besitzen einen kugelförmigen Körper, dessen Weichteile von einer festen Skelettkapsel eingeschlossen sind. Diese Skelettkapsel, die als „Corona" bezeichnet wird, besteht aus Kalkplatten, die miteinander verwachsen sind. Nur bei wenigen Arten liegen die einzelnen Kalkplatten so nebeneinander, dass das Tier eine gewisse Beweglichkeit hat und sich der Untergrundkontur anpassen kann (Familie Echinothuriidae). Bei allen anderen ist dieses Skelett absolut starr.

Im oberen Bereich befinden sich einige kleine zusätzliche Platten, die das sogenannte Apikalsystem bilden. Sie sind rings um die Analöffnung herum gruppiert und tragen jeweils eine Genitalöffnung, durch die Eizellen oder Spermien an das Freiwasser abgegeben werden können. Eine der Genitalplatten enthält zusätzlich den Madreporiten, eine Lochplatte, deren Funktion weiter unten im Zusammenhang mit dem Ambulakralsystem erläutert wird.

Einige Arten haben durch Anpassung an einen bestimmten Lebensraum eine deutlich andere Skelettform entwickelt, die stark abgeflacht ist. Früher unterschied man sie von den kugelförmigen Spezies, indem man sie als „irreguläre Seeigel" (Irregularia) bezeichnete, im Gegensatz zu den „regulären Seeigeln" (Regularia). Diese Differenzierung ist inzwischen von der modernen zoologischen Abstam-

Reguläre Seeigel – hier *Mespilia globulus* – besitzen ein kugelförmiges Skelett. Foto: E. Thaler

mungsforschung (Phylogenetik) überholt, obgleich sie für aquaristische Zwecke durchaus sinnvoll sein kann. Früher nahm man an, diese beiden Gruppen hätten sich unabhängig voneinander entwickelt, doch das ist nicht der Fall.

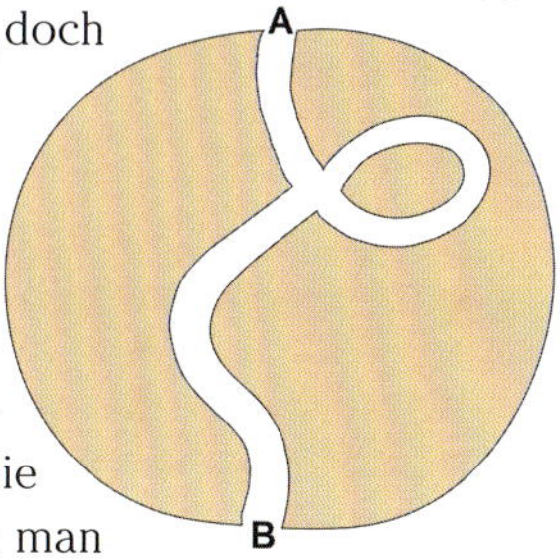

Schematischer Schnitt durch regulären Seeigel, A Anus, B = Mundöffnung

Reguläre Seeigel

Ein regulärer Seeigel besitzt in seinem Skelett zwei Körperöffnungen, eine für die Mundöffnung an der Unterseite (Oralseite) und eine weitere für die Darmöffnung an der Oberseite (Aboralseite). Die Skelettform ist kugelförmig und zeigt sehr deutlich die Fünfer-Symmetrie (pentaradiäre Symmetrie). Am besten richtet man sich nach den vertikalen Porenreihen für die Saugfüßchen, denn diese befinden sich in der „Ambulakra". Diese Zone entspricht der Arm-Unterseite eines Seesterns, aus der die winzigen Saugfüßchen hervorgestreckt werden. Die Bereiche zwischen diesen beiden Zonen werden als „Inter-Ambulakra" bezeichnet. Diese recht kompliziert klingenden Namen gehen auf das Ambulakralsystem zurück, das Wasserkanalsystem der Stachelhäuter, das später noch detailliert erläutert wird.

Schematischer Schnitt durch einen irregulären Seeigel, A Anus, B = Mundöffnung

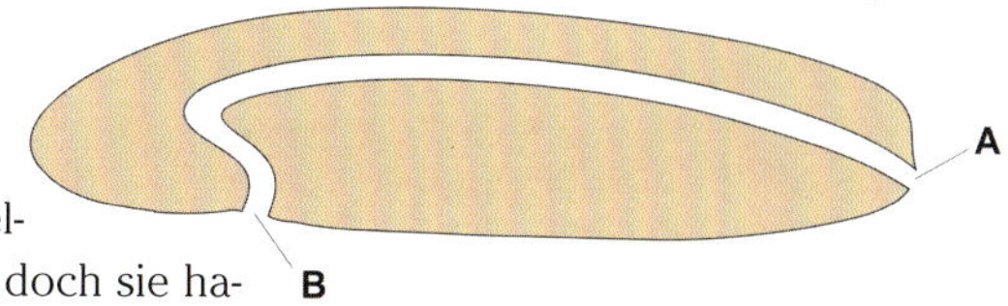

Irreguläre Seeigel

Die irregulären Seeigel sind abgeflacht, oft länglich oval, bisweilen aber auch kreisrund. Sie stammen auch von Stachelhäutern mit fünfstrahliger Symmetrie ab, doch sie ha-

Irreguläre Seeigel – hier „Sand Dollars“ im Monterey Bay Aquarium in Kalifornien, USA – besitzen ein stark abgeflachtes Skelett und unterscheiden sich auch sonst in vielerlei Hinsicht von den „normalen“, regulären Seeigeln.

ben im Lauf ihrer Anpassungen aus dieser fünfstrahligen Bauform eine sekundäre Bilateralsymmetrie entwickelt, also zwei spiegelbildliche Körperhälften. Bei ihnen lässt sich der fünfstrahlige Körperbau also oft nicht ohne weiteres erkennen. Ihre Mundöffnung liegt ebenfalls an der Unterseite (Oralseite), bei ovalen Arten seitlich, bei kreisrunden im Zentrum.

Stacheln und Giftwirkung

Die Skelettplatten tragen knotenförmige Erhebungen – Tuberkel genannt –, auf denen die Stacheln sitzen. Diese Verbindung zwischen Tuberkel und Stachel stellt eine Art Kugelgelenk dar und besitzt große Beweglichkeit. Bewegt werden diese Gelenke von einer mantelähnlichen, sehr muskulösen Schicht, die sie umgibt. Zusätzlich besitzen diese Gelenke jedoch auch eine sehnige Arretierung, mit der die Stachelbewegung völlig blockiert werden kann. Ein so fixierter Stachel bricht bei Fremdeinwirkung eher ab, als dass er sich bewegen ließe, was dem Seeigel ermöglicht, sich mit Hilfe der Stacheln in einer Gesteinsritze fest zu verkeilen.

Das „Kugelgelenk“ der Primärstacheln eines *Echinothrix calamaris* mit der muskulösen Membran, die es umgibt

Bei manchen Lanzenseeigeln sind die „Kugelgelenke“ der Primärstacheln schützend von den kleineren Sekundärstacheln umgeben.

Bei den meisten Seeigeln erkennt man zwei unterschiedlich große Stachelarten, die großen Primär- und die erheblich kleineren Sekundärstacheln. An der Unterseite sind die Primärstacheln oft deutlich kürzer und dienen als Laufstacheln. Auf der Körperoberseite dagegen werden sie bei Gefahr oft in kreisende Bewegung gebracht, was beispielsweise beim Diademseeigel (*Diadema setosum*) gut zu sehen ist. Die Stacheln selbst sind stark der Umgebung und Lebensweise einer Seeigelart angepasst. Dienen sie der Verankerung zwischen Festkörpern, etwa Steinen, dann sind sie sehr bruchstabil, wie etwa beim Riffdachseeigel (*Echinometra mathaei*) oder bei den Griffelseeigeln. Ist ihr Zweck hingegen primär die passive Verteidigung, dann sind sie meist lang und spitz. Viele Arten besitzen extrem

Lanzenseeigel tragen auf ihren dicken Primärstacheln meist Sekundärbesiedler, die die eigentliche Farbe kaschieren und sie grünlich oder graubraun erscheinen lassen. Dieser *Phyllacanthus imperalis* trägt mehrere neu gewachsene Stacheln, an denen die tatsächliche Farbe zu erkennen ist.

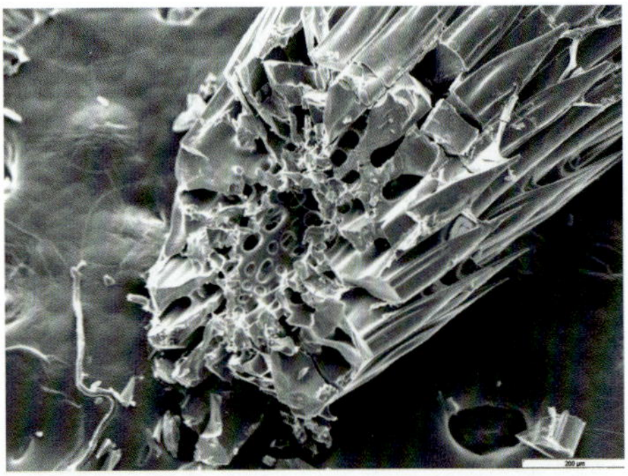

Stachel eines Diademseeigels (*Diadema setosum*) in einer Rasterelektronen-Mikroskopaufnahme. Die dachziegelartigen Widerhaken sind deutlich zu sehen; sie bewirken, dass ein Stachel nicht mehr herausgezogen werden kann, wenn er einmal in das Gewebe hineingelangt ist. Die Aufnahme des Stachelfragments zeigt die poröse Struktur der Wand und den Hohlraum im Zentrum.
2 Fotos: K.-H. Linne von Berg

Mittleres Bild: Giftstacheln von *Tripneustes gratilla*; die bläulich schimmernden Giftsäcke an den Sekundärstacheln geben dieser Art die blaue Farbe. Im Zentrum ist eine tridactyle Pedicellarie zu sehen.

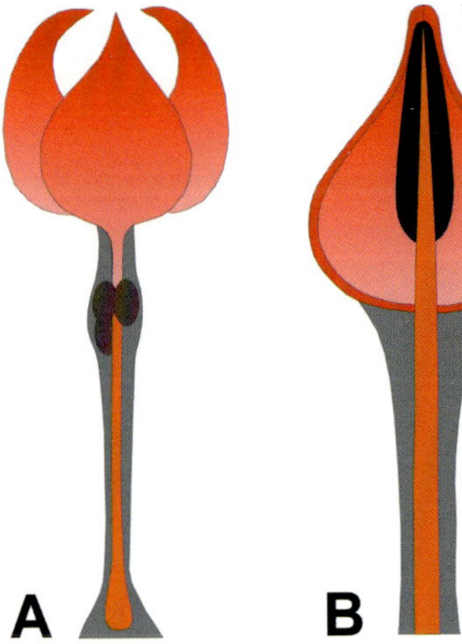

Giftapparate von Seeigeln, A: Die drei Klauen des Pedicellariums eines Rosenseeigels (*Toxopneustes roseus*) enthalten Giftdrüsen. B: Der Stachel eines Lederseeigels (*Asthenosoma varium*) ist an der Spitze mit einem Giftsack (schwarz) versehen, umhüllt von Muskel- und Bindegewebe.

brüchige Stacheln, die bei Kontakt mit einem Fremdorganismus „geopfert“ werden, um in dessen Körper zu verbleiben, wo sie schmerzhafte Entzündungen auslösen können. Dachziegelähnliche Widerhaken verhindern das Herausziehen sehr effektiv, und die poröse Struktur, die man in einer rasterelektronenmikroskopischen Fotografie (REM) sehr gut sieht, ist für das leichte Abbrechen verantwortlich. Auch der Hohlkanal im Zentrum des Stachels wird im REM-Foto deutlich. Darin

Der Zahn/Kiefer-Apparat von *Tripneustes gratilla*, von unten gesehen. Man erkennt deutlich einen Kranz von Pedicellarien, der ihn umgibt.

befindet sich eine blauschwarze Flüssigkeit, die nach dem Stich in das umgebende Körpergewebe diffundiert, es schwärzlich färbt und sehr wahrscheinlich auch die Schmerzwirkung verstärkt, obgleich dies noch nicht wissenschaftlich belegt ist (MEBS 2000).

Einige Arten besitzen sehr stark wirkende Gifte, die allerdings nicht immer mit den Stacheln verabreicht werden. Die Stacheln des Lederseeigels (*Asthenosoma varium*) etwa sind an der Spitze mit einem Giftsack versehen, umgeben von Muskel- und Bindegewebe. Der Rosenseeigel (*Toxopneustes roseus*) hingegen hat winzige, greifzangenähnliche Vorrichtungen (Pedicellarien), die Giftdrüsen tragen. Die Wirkung der jeweiligen Gifte wird bei den Gattungsbeschreibungen erläutert.

Einzelzahn eines regulären Seeigels

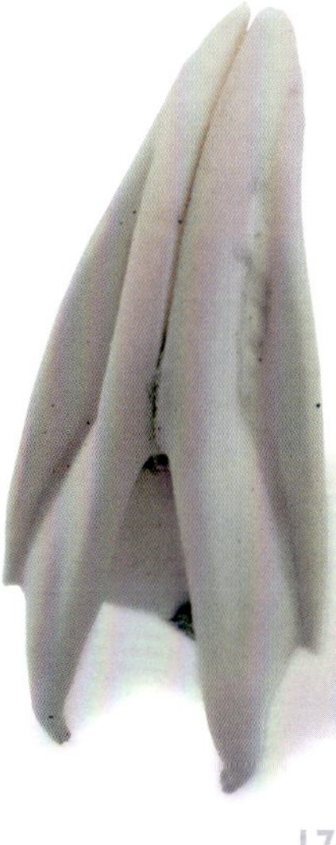

Die Laterne des Aristoteles

Der Mund- und Kieferapparat der Seeigel ist ebenso wie das gesamte Tier radiärsymmetrisch mit fünf Symmetrieachsen („pentamer") aufgebaut und besitzt folglich auch fünf Zahnelemente. Diese Zähne sind sehr hart und müssen ständig nachwachsen, weil sie sich beim Schaben an festem Untergrund fortwährend abnutzen. Untereinander sind sie mit vielen Skelettstücken verbunden, und bewegt werden sie durch ein eigenes Muskelsystem. Einige Arten bohren sich damit in das Gestein ein (z. B. *Echinostrephus*), und *Strongylocentrotus* kann sogar Eisenplatten durchdringen. Der Populärname dieses Mund- und Kieferapparates geht auf den griechischen Philosophen Aristoteles zurück, der ihn als Erster beschrieb.

Nervensystem

Seeigel haben ein sehr einfaches Nervensystem, das dezentral ist, also nicht über ein Steuerzentrum verfügt, das einem Gehirn (Zentralnervensystem) gleichkäme. Es besteht aus mehreren Anteilen, von denen z. B. einer den Kauapparat steuert. Durch die Öffnungen in der Madreporenplatte – eine kleine, siebförmige Kalkplatte an der Oberseite, über die das hydraulische Flüssigkeitssystem mit dem Umgebungswasser in Verbindung steht (siehe Kasten „Das Wasserkanalsystem") – gelangen die Nerven von innen durch das kugelförmige Skelett nach außen, um die Körperoberfläche zu versorgen. Sinneszellen finden sich in der gesamten Oberhaut (Epidermis), besonders an den Ambulakralfüßchen und den Pedicellarien. Bei *Diadema* und *Centrostephanus* konnte nachgewiesen werden, dass ihre Pigmentzellen (Chromatophoren) lichtempfindlich sind und dem Tier somit eine Lichtwahrnehmung ermöglichen, z. B. um auf die Abschattung durch einen Räuber zu reagieren.

Ambulakralsystem

Eines der faszinierendsten Details in der Physiologie der Stachelhäuter ist das Wasserkanalsystem, durch das die zahlreichen Saugfüßchen und Pedicellarien auf der Körperoberfläche mit Wasser befüllt werden. Man bezeichnet es als Ambulakralsystem, weil die Tiere sich damit fortbewegen (lat. *ambulare* = gehen, gr. *akra* = Spitze). Dieses hydraulische System besteht aus zahlreichen rohrartige Leitungen, die beim Seeigel von innen durch reihenförmig angeordnete Poren hindurch zur Außenseite des Skelettes führen. Im Gegensatz zur Aussage vieler Autoren steuert und bewegt dieses Hydrauliksystem jedoch nicht die Saugfüßchen; das wird vielmehr durch die Muskulatur in ihrer Wand und das Nervensystem besorgt. Jedes der einzelnen Füßchen besitzt am Ende eine saugnapfähnliche Verbreiterung, die sich an einer glatten Fläche „festhalten" kann.

Durch hoch differenzierte und perfekt koordinierte Bewegungen einzelner Füßchen und Stacheln kann der Seeigel sich gezielt fortbewegen und gewissermaßen über den Boden gleiten, ohne sich für unser Auge erkennbar zu verformen. Ebenso kann er sich auf diese Weise an einer vertikalen Fläche halten oder bewegen, selbst am Dach einer Höhle.

Viele Arten besitzen spezialisierte Füßchen. Die reinen Lauffüßchen der Seesterne sind bei ihnen nicht vorhanden, doch neben kräf-

Die Ambulakralfüßchen – hier bei *Salmacis bicolor* (oben) und *Tripneustes gratilla* (unten) – besitzen nicht nur Muskelfasern, die sie bewegen können, sondern auch zahlreiche Sinneszellen.

Das Wasserkanalsystem von Seeigeln

Wie alle anderen Stachelhäuter besitzen auch Seeigel weder einen konventionellen Bewegungsapparat noch ein Skelett mit beweglichen Extremitäten. Darum haben sie für Fortbewegung, Beuteerwerb und andere Aufgaben ein hydraulisches System entwickelt: das Ambulakralsystem.

Das Herz dieses Systems ist ein Rohrnetz, das mit einem Ring um die Mundöffnung beginnt. Von dieser Ringleitung zieht in jede der fünf als Ambulakra bezeichneten Zonen ein sogenannter Radialkanal. Er besitzt zahlreiche kurze Queräste, die Lateralkanäle. Jeder Lateralkanal endet in einer kleinen Erweiterung, der Ampulla, die sich jeweils schlauchförmig als Ambulakralfüßchen (Podium) fortsetzt, durch eine Öffnung im Skelett nach außen zieht und mit dem Saugnapf endet.

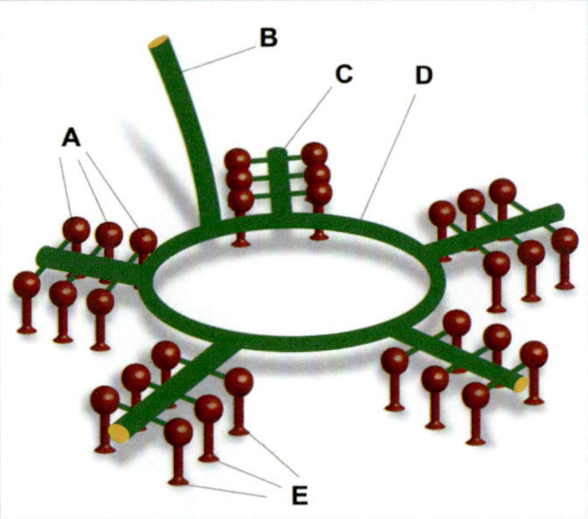

Das Wasserkanalsystem von Seeigeln in schematischer Darstellung; A = Ampullen, B = Steinkanal (zur Madreporenplatte), C = Radiärkanäle, D = Ringkanal, E = Ambulakralfüßchen

Über den sogenannten Steinkanal steht dieses flüssigkeitsgefüllte Rohrsystem mit dem umgebenden Meerwasser in Verbindung. Er entspringt unten am Ringkanal und zieht nach oben zur Aboralseite, wo er mit einer wasserdurchlässigen Platte endet, der Madreporenplatte (bei Seeigeln ein Teil einer Genitalplatte im Apikalsystem). Fortwährend wird Wasser von außen durch die Madreporenplatte gesaugt und durch das gesamte Kanalsystem gepumpt. Allerdings ist die Austauschmenge sehr gering, weil sonst viele Zellen und organische Verbindungen, die im Inneren des Systems bestimmte Aufgaben zu lösen haben (z. B. Regeneration, Wundheilung), verloren gehen würden.

In den fünf als „Ambulakra" bezeichneten Segmenten befinden sich vertikale Porenreihen, aus denen die vielen Ambulakralfüßchen herausragen, dünnhäutig und mit Wasser gefüllt. Sie sind Bestandteil dieses hoch entwickelten hydraulischen Systems, und ihre Ausdehnung wird über den Flüssigkeitsdruck im Inneren geregelt. Die Füßchen besitzen am Ende meist Saugnäpfe, mit denen sie sich an einer glatten Fläche festhalten können. Diese Ambulakralfüßchen sind mehr als nur ein „Hautschlauch", denn in ihrer Wand befinden sich Skelettplättchen und ein komplexes System aus Fasern und Muskeln, die sich verkürzen und dadurch den Fuß gezielt bewegen können. Der Wasserdruck, der von der hydraulischen Wirkung des Ambulakralsystems kommt, stellt einen Innendruck her, eine Art „hydrostatisches Skelett", das dem Fuß Festigkeit verleiht (etwa wie eine wassergefüllte Plastiktüte). Die gezielte Bewegung kommt durch das Verkürzen bestimmter Muskelstrukturen zustande, und diese Bewegungen werden vom Nervensystem gesteuert. Eine derartige Vielzahl von Ambulakralfüßchen zu koordinieren, stellt eine enorme Leistung dar, die angesichts des sehr einfach konstruierten Nervensystems von Stachelhäutern ganz erstaunlich ist.

tigen Haltefüßchen besitzen sie Tastfüßchen mit sensiblen Enden, und bei irregulären Seeigeln gibt es Kiemenfüßchen mit dünner Wand und vergrößerter Oberfläche. Einige besitzen sogar Tupffüßchen zum Aufnehmen der Nahrung und Kittfüßchen, die Schleim zum Verfestigen der Wohnröhrenwand liefern.

Körperanhangsgebilde

Seeigel besitzen auf ihrer Körperoberfläche eine Reihe werkzeugähnlicher Anhangsgebilde, die jeweils bestimmte Aufgaben zu erfüllen haben. Sie werden als Pedicellarien bezeichnet, und dabei unterscheidet man nach ihrer Bauform vier Typen: Klappzangen (tridactyle P.), gezähnelte Beißzangen (ophiocephale P.), Putzzangen (trifoliate P.) und Giftzangen (globifere P.). Sie tragen meist drei Greifarme und dienen

Die zangenförmigen Pedicellarien sind auf dem Körper dieses Seeigels der Art *Echinothrix calamaris* deutlich zu erkennen.

hauptsächlich dem Reinigen des Körpers von Aufwuchsorganismen. Die Giftzangen hingegen werden primär zum Beuteerwerb eingesetzt, sekundär auch zur Verteidigung gegen Räuber. Bei Seeigeln sind solche Greifwerkzeuge noch deutlicher sichtbar als bei Seesternen.

Ernährung in der Natur

Seeigel sind in ihrer Ernährung weitaus weniger spezialisiert als andere Stachelhäuter, beispielsweise Seesterne. Die als regulär bezeichneten Arten mit kugelförmigem Skelett leben prinzipiell als Weidegänger auf Hart- und Weichböden, besonders in Korallenriffen und angrenzenden Lebensräumen, aber auch fern der Riffe auf dem Meeresboden. Zu ihnen gehören fast alle aquaristisch bekannten und pflegeleichten Arten. Allgemein bezeichnet man sie als Herbivore, als Pflanzenfresser, doch das stimmt nicht ganz. Zwar besteht der Hauptteil ihrer Nahrung tatsächlich aus Algen, doch gemeinsam mit diesen nehmen sie natürlich auch Aufwuchsorganismen sowie kleinste sessile Wirbellose auf, etwa Seescheiden. Das geschieht nicht immer nur ungewollt als Beinahrung, denn bisweilen werden auch koloniebildende Wirbellose gezielt abgefressen. In gewissem Rahmen sind viele als herbivor geltende Arten also Generalisten. Das zeigt sich besonders dann, wenn Mangel an pflanz-

Tripneustes gratilla im Aquarium bei der Nahrungssuche

licher Nahrung besteht, denn dann fressen manche Seeigelarten auch gezielt Korallen. Einige haben sich sogar auf Korallen als Nahrung spezialisiert, was sie im Aquarium zu unwillkommenen Räubern macht.

Viele reguläre Seeigelarten besitzen an der Oberseite (Aboralseite) am Darmende eine blasenförmige Auftreibung. Diese Analblase stellt den Abschluss des Darms dar, und bei einigen ist sie stark kontrastierend gefärbt (z. B. *Diadema setosum*). Vom Laien wird diese Blase oft für ein Auge gehalten, doch sobald der Kot und mitgefressene unverdauliche Partikel herausrieseln, wird klar, dass es sich dabei um den Anus handelt.

Die irregulären Seeigel mit dem abgeflachten, oft ovalen Skelett sind Kleinpartikelfresser. Man bezeichnet sie als Mikrophage. Bei ihnen finden wir viele Spezialisierungen, vor allem auf die Partikelgröße ihrer Nahrung, etwa die Sandlecker oder die Sandtupfer, die mit Mundfüßchen die Sandkörner der Umgebung abtasten und dabei auch nennenswerte Mengen unverdaulichen Bodenmaterials aufnehmen, ähnlich, wie das viele Seegurken tun. Sie sind an diese Ernährungsweise so weit angepasst, dass ihnen sogar der Zahn- und Kieferapparat – die Laterne des Aristoteles – fehlt.

Diadema setosum entleert seine Analblase

Geschlechtliche Fortpflanzung

Seeigel sind getrenntgeschlechtlich, produzieren also entweder als Männchen Spermien oder als Weibchen Eizellen. Die Ge-

Seeigel-Nachzucht-projekt für *Tripneustes gratilla* im Meeresforschungsinstitut der University of the Philippines, im Jahr 1996

schlechtsprodukte werden durch die Öffnungen in den Genitalplatten abgegeben, und die Befruchtung erfolgt im Freiwasser. Die Larvenentwicklung dauert 4–5 Wochen (Arten mit dotterreichen Eiern haben oft eine abgekürzte Entwicklung), und danach kommt es durch eine Metamorphose zur Entstehung eines winzigen Seeigels, der oft nicht mehr als einen Millimeter misst.

Manche Arten betreiben Brutpflege, etwa indem sie die befruchteten Larven aus dem Freiwasser einfangen und zwischen den Stacheln geschützt heranwachsen lassen. Andere siedeln die Larven in Vertiefungen ihres Skeletts an, wo sie sich teilweise sogar ohne Larvenstadium zu kleinen Seeigeln entwickeln. Dies betrifft jedoch nicht tropische Arten, die in der Aquaristik Bedeutung haben, sondern vor allem Spezies aus antarktischem Kaltwasser, aber auch Tiefwasserarten.

Über eine Vermehrung im Aquarium wurde bisher nicht berichtet, was sicher mit dem Larvenstadium zusammenhängt, denn in dieser Phase fällt der Nachwuchs nicht nur dem Fraßdruck vieler Aquarientiere zum Opfer, sondern auch der Wasseraufbereitungstechnik. Allerdings wurde bereits mehrfach über die Spermienabgabe von Seeigeln berichtet, in einem von mir selbst beobachteten Fall in einer aquarienwassergefüllten Styroporkiste während eines Transportes, wohl ausgelöst durch den Transportstress. Lediglich in wissenschaftlichen Nachzuchtprojekten gelingt es bisweilen, bestimmte aquaristisch relevante Arten nachzuziehen.

Diadema setosum im Aquarium

Aquarienhaltung von Seeigeln

Ernährung im Aquarium

Seeigel werden leider oft spontan wegen ihrer herbivoren Fressweise gekauft, gewissermaßen als Mittel zum Zweck. Theoretisch wären sie ideale Bewohner für ein Riffaquarium, weil sie sich an den Lebensraum Korallenriff angepasst haben. Doch in der Praxis funktioniert dies nur dann, wenn die Größenrelation zwischen Seeigel (bzw. der Anzahl der Exemplare) und dem Aquarium stimmt und auch die Vergesellschaftung mit anderen Nahrungskonkurrenten – etwa Korallenfischen – dies zulässt.

Eine Haltung unter nicht optimalen Ernährungsbedingungen führt bald zu langsamer Degeneration der Seeigel, die aber vom Aquarianer kaum bemerkt wird, denn diese Tiere verhungern langsam, und durch das Kalkskelett sind die Veränderungen von außen praktisch nicht zu erkennen. Später, wenn ein solcher Seeigel monatelang von seiner eigenen Körpersubstanz gezehrt hat, werden dann physiologische Vorgänge gestört, weil bestimmte lebenswichtige Substanzen fehlen, sogenannte Vitalstoffe. Irgendwann beginnt er dann, Stacheln zu verlieren, und die verbliebenen Stacheln hängen kraftlos herunter. Bei Reizung bringt er die Energie auf, sie aufzustellen und drohend zu rotieren, doch es dauert nicht lange, dann hängen sie wieder schlaff zur

Seeigel *Echinometra mathaei* im Aquarium
Foto: E. Thaler

Seite. In einem solchen Stadium ist ein Seeigel praktisch nicht mehr zu retten. Unglücklicherweise wird der wenig erfahrene Aquarianer felsenfest davon überzeugt sein, dass es dem „Igel" bis vor einigen Tagen noch gut ging, weil sein Stachelkleid normal wirkte. Man vermutet also eine plötzliche Veränderung als Ursache, eine Verschlechterung der Wasserqualität, Temperaturveränderungen, toxische Beimengungen oder vielleicht die Schwankung im Salzgehalt durch den letzten Teilwasserwechsel. Tatsächlich aber verenden die weitaus meisten Seeigel im Aquarium durch Verhungern. Eines der Probleme bei der Seeigelpflege ist eben, dass sie still hungern, dass sie lange Zeit hindurch kaum äußere Anzeichen ihres Nahrungsmangels zeigen, denn im Gegensatz zu Aquarienfischen betteln sie nicht mit eingefallenem Bauch vor der Aquarienscheibe um Futter.

Der Grund für den Nahrungsmangel ist simpel: Der Seeigel kommt in das algengeplagte Riffaquarium, findet Nahrung in Hülle und Fülle, und zur Freude des Aquarianers vermindert sich der ungeliebte Mikroalgenrasen zusehends. Das, was den Aquarienpfleger glücklich macht, wird aber für den Seeigel mehr und mehr zur Bedrohung, denn im gleichen Maß verringern sich seine Nahrungsreserven. Nicht jeder Seeigel frisst Makroalgen, etwa die Thalli von Caulerpen, viele sind spezialisiert auf Mikroalgen. Hat der Aquarianer sein Ziel erreicht, das

Diadema sp. mit ungewöhnlichen Primärstachelfarben
Foto: E. Thaler

Becken von Algen zu befreien, dann ist der Seeigel sozusagen brotlos. Da er aber nicht erkennbar abmagert und stets an irgendwelchen Steinen herumnagt, ist man geneigt anzunehmen, er fände wohl schon noch irgendwas.

In dieser Situation fangen viele Seeigel an, Kalk-Rotalgen zu fressen. Diese rotvioletten Beläge gehören kaum auf den primären Speiseplan der Seeigel, doch in der Not frisst der Teufel bekanntlich Fliegen. Oft wird der Rat gegeben, in ein kalkalgenüberwachsenes Riffquarium keine herbivoren Seeigel zu setzen, weil diese sich von Kalkalgen ernährten. Der Ratschlag ist richtig, doch die Begründung ist falsch: Auf gesund gedeihenden Kalk-Rotalgen wachsen keine Mikroalgen, und in einem Riffbecken mit kalkalgenüberwachsenem Gestein fehlt dem Igel mit einiger Sicherheit die Nahrungsgrundlage. Darauf reagieren viele Arten so opportunistisch, dass sie versuchen, wenigstens durch das Abraspeln der nährstoffarmen Kalkalgenbeläge das Verhungern hinauszuzögern. Andere Arten greifen in dieser Situation zum Korallengewebe, das mit den Zooxanthellen ja auch pflanzliche Substanz enthält, und diese Arten werden in der aquaristischen Fachliteratur dann fortan als Korallenfresser geführt.

Noch schlimmer ist es, wenn Nahrungskonkurrenz durch herbivore Fische vorhanden ist. Diese Fische konsumieren ja nicht nur Al-

Temnopleurus toreomaticus im Aquarium
Foto: E. Thaler

gennahrung, sondern grasen auch kleine sessile Wirbellose mit ab, die für die meisten Seeigel eine fast ebenso wichtige Nahrung darstellen wie die Algen selbst. Es ist ein in der aquaristischen Literatur weit verbreiteter Irrtum, dass die als „herbivor" bezeichneten Seeigel reine Algenfresser wären. Diese Aquarienbeobachtung beruht lediglich auf der Tatsache, dass die Artenvielfalt und Population winziger sessiler Wirbelloser (Seescheiden, Schwämme, Bryozoen u. a.) in Aquarien minimal ist. In der Natur hingegen ernähren sich auch die „reinen Algenfresser" wie *Diadema* spp. und andere zu einem bedeutenden Teil von solchen Organismen. Je mehr wir im Aquarium nun diese wenigen noch vorhandenen festsitzenden Klein-Wirbellosen durch herbivore Fische systematisch abgrasen lassen, umso stärker wird ein Seeigel auch bei ausreichend vorhandener Algennahrung bereits Defizite entwickeln, weil ihm Vitalstoffe fehlen, die er durch pflanzliche Kost nicht erhält. Das führt dann bei manchen Arten zu opportunistischem Ernährungsverhalten gegenüber größeren Wirbellosen.

Viele Seeigel, darunter vor allem *Diadema*-Arten und *Echinometra mathaei*, haben aber noch einen raffinierten Trick, den Aquarianer auf ihren Nahrungsmangel aufmerksam zu machen und ihn so sehr unter Druck zu setzen, dass er reagieren muss: Sie zwängen sich in die Horizontalspalten zwischen den einzelnen Dekorationssteinen, indem

Die kräftige Orangezeichnung auf der Oberseite der Analblase ist für *Diadema setosum* typisch. Foto: E. Thaler

sie ihre Stacheln flach anlegen, um sie dann aufzustellen und diese Steine auseinander zu drücken. Sogar *Diadema-setosum*-Exemplare mit ihren langen, brüchigen Stacheln können das ganz hervorragend! Die Folge ist, dass einzelne Brocken herunterstürzen, mithin auch das ganze Konstrukt polternd in sich zusammenfällt. Dahinter steht die Hoffnung, zwischen den Steinen könnte irgendetwas Fressbares zu finden sein. Der Aquarianer sollte dies nicht als Hinweis darauf werten, dass die betreffende Seeigelart nicht aquariengeeignet wäre – oder sein Exemplar einfach nur neurotisch –, sondern verstehen, dass der Seeigel schlicht und ergreifend am Verhungern ist. Notfalls muss ein solches Tier dann in ein anderes, geeigneteres Becken gesetzt werden.

Wasserqualität und Nahrungsgrundlage

Steinkorallen sind im Korallenriffaquarium heutzutage längst zu Hauptdarstellern avanciert, und die Wasserqualität macht deutlich, wie sehr sich die Bedürfnisse der Korallen von jenen der Seeigel unterscheiden. Normalerweise versuchen wir im Riffaquarium stets, das Wasser besonders sauber und nährstoffarm zu halten, weil dies für das Wachstum unserer zooxanthellaten Korallen nützlich ist – vor allem das der Steinkorallen. Durch Filterung und Abschäumung halten wir den Nitrat- und Phosphatgehalt niedrig, was sich zwangsläufig auf den Algenwuchs und sekundär auf die im Algenteppich lebenden Kleinst-Wirbellosen auswirkt und einem Seeigel, der Algen und Mikroorganismen abgrast, die Lebensgrundlage entzieht. Also ist auch die Wasseraufbereitung mitentscheidend für die Frage, ob ein Seeigel in einem bestimmten Riffaquarium Nahrung findet oder nicht.

Wichtig für die Seeigel ist, dass wir im Aquarium eine möglichst große Artenvielfalt an Organismen besitzen, eben nicht nur die Fische und Korallen, die uns am Herzen liegen, sondern auch all die vielen winzigen Wirbellosen, die wir kaum jemals zu Gesicht bekommen. Wie bereits erwähnt, sind auch herbivore Seeigel nicht wirklich reine Pflanzenfresser, sondern nehmen mit ihren Algen eine breite Palette winzigster Wirbelloser auf. Eine solche Mikrofauna gedeiht jedoch nur, wenn wir sie auch ernähren – bei spartanischer Fütterung verkümmert sie rasch. Selbst Würmchen und Krebschen sind wichtig, auch wenn sie von den Seeigeln nicht gefressen werden: Jeder Organismus, der sich im Riffbecken hinter oder unter den Steinen, im Bodengrund oder sonst wo vermehrt, erzeugt beispielsweise über seine Larven Nahrung für andere, auch für sessile Kleinst-Wirbellose. Eine vielfältige und ausreichend ernährte Mikrofauna, die ursprünglich vor allem durch Lebendgestein in das Becken gelangt, ist also auch Voraussetzung für gesunde Aufwuchsfresser.

Weniger ist mehr – die Individuenzahl

Auch müssen wir natürlich berücksichtigen, dass Seeigel, die wir in unser Aquarium einsetzen, diesen Lebensraum durch ihre Anwesenheit beeinflussen und verändern. Bietet das Riffbecken anfangs die nötige Nahrungsgrundlage in Form von Mikroalgen, dann bedeutet dies noch nicht, dass dieser Lebensraum die Nahrung schnell genug nachprodu-

Der Griffelseeigel *Heterocentrotus mamillatus* frisst im Aquarium zwar Algen und lässt größere Wirbellose meist in Ruhe, taucht jedoch im Handel kaum auf, ist sehr transportempfindlich und schwierig in der Eingewöhnung.
Foto: E. Thaler

zieren kann, wenn der eingesetzte Seeigel sie fortan laufend aberntet. Gelingt es nicht, die Algenplage zu beherrschen, dann hat er Glück. Ärgern wir uns jedoch darüber und setzen einen zweiten Seeigel ins Becken, dann hat er Pech, denn jetzt wird es eng mit den Algen. Darum ist die Individuenzahl der Seeigel mitentscheidend dafür, ob die Aquarienhaltung erfolgreich ist oder nicht. Ein einzelnes Exemplar kann sich in einem bestimmten Riffbecken vielleicht gut ernähren und bleibt jahrelang gesund. Das könnte den Aquarianer dazu verleiten, ein weiteres Exemplar in das Aquarium zu setzen, denn er ist ja zu der Überzeugung gekommen, es handle sich um eine pflegeleichte Art. Doch das kann sich als Irrtum erweisen, denn er verdoppelt die Seeigelpopulation und halbiert damit das Nahrungsangebot pro Tier. Handelt es sich um junge Exemplare, werden sie, wenn die Nahrung dazu ausreicht, sogar noch wachsen und ihre Nahrungsansprüche vergrößern.

Besonders problematisch ist ein Engpass der Nahrungsressourcen bei denjenigen Arten, die keine Zusatznahrung akzeptieren, sodass man nicht einfach hinzufüttern kann. Seeigel lassen sich nicht einfach mit Futtertabletten ernähren. Manche Arten nehmen Blattalgen wie *Caulerpa*, zur Not sogar blanchierten Löwenzahn, doch das ist sogar innerhalb einer Art von Tier zu Tier verschieden, und es birgt sogar weitere Schwierigkeiten, wenn außerdem ein herbivorer Fischbesatz im Aquarium lebt – denn Seeigel sind Langsamfresser. Oft hilft es nur, sich

Dieser hell gefärbte Seeigel der Art *Tripneustes gratilla* hat die meisten Stacheln verloren, und die noch vorhandenen hängen schlaff herab. Bei Reizung wird er sie aufstellen, doch er ist so massiv vorgeschädigt, dass er kaum eine Überlebenschance hat.

an einer naturähnlichen Populationsdichte zu orientieren, und das bedeutet unter Umständen, dass ein einziges Exemplar mehrere Quadratmeter Grundfläche braucht, um sich vom natürlichen Algenaufwuchs einschließlich daran haftender Bakterienrasen und Wirbellosen zu ernähren – vorausgesetzt, es ist kein Nahrungskonkurrent vorhanden.

Regeneration und Wundheilung

Die Fähigkeit zur Regeneration von Beschädigungen und Verletzungen ist bei Seeigeln im Aquarium nicht sehr gut entwickelt. Abgebrochene Stacheln können zwar meist sehr gut regeneriert werden, zumindest, wenn die Ernährung optimal ist. Ich habe selbst Diademseeigel gesehen, die im Händlerbecken von Drückerfischen regelrecht „glatt rasiert“ wurden und unter guten Haltungsbedingungen innerhalb weniger Monate einen neuen Stachelwald erzeugen konnten. Doch hierbei geht es hauptsächlich um mineralische Substanzen. Verletzungen am Körper sind bei Seeigeln im Aquarium in der Regel nicht auszuheilen und führen zum Verenden des Tieres. Dies muss nicht zwangsläufig bedeuten, dass die Stachelhäuter nicht zur Wundheilung fähig wären; ich bin davon überzeugt, dass dies mit einer suboptimalen Ernährung zusammenhängt. Die Artenvielfalt und Menge von „Beifraß-Organismen“, die ein Seeigel im Riff mit seiner Algennahrung aufnimmt, bieten ihm eine erheblich bessere Existenzgrundlage als die reine Algennahrung,

Dieses Exemplar von *Tripneustes gratilla* liegt mit der Oralseite nach oben im Händlerbecken, ohne sich zu drehen. Auch hat es viele Primärstacheln verloren. Beides weist auf eine Schädigung hin, an der giftige Substanzen beteiligt sein könnten. Tritt dies im Händlerbecken auf, so ist die Wahrscheinlichkeit einer Transportschädigung am größten, ereignet es sich jedoch im eingefahrenen Riffbecken bei einem gut etablierten Tier, dann sollte man auch an eine Vergiftung denken und dies sorgsam prüfen.

die er in unseren Aquarien unter günstigen Umständen findet, und eine Mangelsituation an bestimmten Vitalstoffen wirkt sich notwendigerweise auf die Wundheilung aus. Jede Regeneration ist gleichbedeutend mit dem Aufbau neuer Körpersubstanz, was erheblich mehr an Nährstoffen verschlingt als das bloße Erhalten vorhandener Substanz.

Gift im Wasser

Seeigel reagieren – wie alle übrigen Stachelhäuter – extrem empfindlich auf toxische Substanzen im Aquarienwasser. Das liegt einerseits daran, dass ihr Organismus sehr einfach konstruiert ist und nicht über effektive Entgiftungsmechanismen verfügt, etwa im Gegensatz zu einem Wirbeltier. Der zweite Grund für diese hohe Empfindlichkeit ist die Tatsache, dass die Stachelhäuter im Lauf ihrer Entwicklungsgeschichte keinerlei Kontakt mit solcherlei toxischen Substanzen hatten und demzufolge keine Toleranzen entwickeln konnten. Gelangen giftige Substanzen in das Aquarienwasser, dann gehören – neben Mollusken wie Schnecken oder Muscheln – die Stachelhäuter meist zu den Ersten, die ihr Leben lassen müssen. So mancher Gifteintrag ins Riffaquarium, beispielsweise geringe Kupfer- oder Zink-Beimengungen des Leitungswassers, wurde durch verendende Stachelhäuter bemerkt, noch lange bevor andere Tiere irgendwelche Symptome zeigten. Allerdings zeigt sich dies bei Seeigeln naturgemäß deutlicher als etwa bei Seesternen, denn während ein vergifteter Seestern träge an einer Stelle liegt, ohne dass man auf ihn aufmerksam würde, verliert ein giftgeschädigter Seeigel seine Stacheln und lenkt das Augenmerk seines Pflegers schnell auf sich. Im Zweifelsfall empfiehlt sich dann eine gründliche Filterung des Aquarienwassers mit Aktivkohle, auch wenn ein solchermaßen geschädigtes Tier kaum noch zu retten sein wird.

Manche Seeigelarten haben sich auf das Leben in der Brandungszone spezialisiert, doch Arten aus dem Riff tut man mit starken Wasserturbulenzen keinen Gefallen.

Temperatur

Seeigel benötigen eine Wassertemperatur, die derjenigen in ihrem natürlichen Lebensraum entspricht. Bei tropischen Arten liegt sie zwischen 23 und 27 °C, und die Grenzwerte, die kurzzeitig noch toleriert werden, dürften bei 20 und 30 °C anzusetzen sein. Mediterrane Arten brauchen deutlich kühleres Wasser und sind im tropischen Aquarium nicht dauerhaft zu halten. Zwar kann die Wassertemperatur im östlichen Mittelmeer während des Hochsommers durchaus 26 oder 27 °C erreichen, doch erstens vertragen nur wenige mediterrane Stachelhäuterarten so warmes Wasser, und zweitens benötigen sie alle auch die jahreszeitlich bedingte Abkühlung, die weit unter die Minimalgrenzen eines tropischen Riffbeckens geht. Prinzipiell sollten für sie als Obergrenze 20 °C gelten.

Diese Werte lassen sich normalerweise leicht durch moderne Regelheizer erreichen. Schwierig wird es eigentlich nur während der Sommerzeit, wenn die Temperaturen nach oben auszubrechen drohen, was sich durch Kühlgeräte oder gesteigerte Verdunstung (Ventilatoren) bekämpfen lässt. In dieser Hinsicht unterscheiden sich Seeigel in der Aquarienhaltung nicht von den anderen Tieren, die wir im Riffbecken pflegen.

Wasserströmung

Die Strömungstoleranz von Seeigeln ist sehr unterschiedlich. Arten wie der Riffdach-Seeigel (*Echinometra mathaei*), die sich auf eine Riffzone mit starken Turbulenzen spezialisiert haben, sind kräftig genug, um starker Strömung zu widerstehen, und die dickstacheligen Griffelseeigel aus der Brandungszone tolerieren wohl mehr Turbulenzen, als wir im Aquarium jemals erzeugen können. Diademseeigel mit ihrem filigranen Stachelwald hingegen sind in einem solchen Strömungsumfeld überfordert, sie bevorzugen die sanftere Wasserbewegung, die in ihrem natürlichen Lebensraum zu finden ist.

Eines dieser beiden Stücke Lebendgestein wurde beleuchtet, das andere nicht. Nur das beleuchtete entwickelte eine Mikrofauna und -flora.

Beleuchtung

Prinzipiell könnte man meinen, für Seeigel sei die Beleuchtung unseres Aquariums belanglos. Doch das täuscht, denn die aquaristisch gehaltenen Arten ernähren sich von Algen, und die benötigen nun einmal Licht. Die Präsenz der Algen ist auch unbedingte Voraussetzung für die Ausbildung einer Mikrofauna, wie ich in Vergleichsversuchen belegen konnte, und selbst der Bakterienhaushalt entwickelt sich in Abhängigkeit von der Fauna und ihrem Stoffwechsel. Meine Versuche mit zehn 140-l-Aquarien, die alle an einem großen Riffbecken angeschlossen waren, zeigten den dramatischen Unterschied zwischen einem beleuchteten und einem unbeleuchtetem Aquarium: Ohne Licht bleiben Bodengrund und Gesteinsoberflächen „steril", unbesiedelt und leer.

Selbst im Innern des Bodengrundes findet man keinerlei tierische Organismen, weil auch in den dunklen Tiefen des Korallensandes alles Leben von der Primärproduktion der Pflanzen in der Lichtzone abhängt – „ohne Moos nix los". Das gilt auch für frisch importiertes Lebendgestein, das ich in diesem Versuch auf die zehn Becken verteilte und das große Mengen Mikroorganismen in die Becken einbrachte: In den beleuchteten Becken wuchsen aus dem Lebendgestein zahllose Algen und sessile Kleinorganismen, und Krebse, Würmer sowie allerlei anderes Getier tummelten sich darauf und darunter. In den unbeleuchteten Becken hingegen wirkten die Lebendgesteinsbrocken bald steril, und die anfangs vorhandene Tierpopulation war bald ausgehungert. Erst mit der passenden Beleuchtung stellt sich eine Algenpopulation ein, und im Gefolge entwickeln sich Mikrofauna (Tiere unter 0,2 mm Größe) und Meiofauna (zwischen 0,2 und 2 mm), die das Riffaquarium so ungeheuer artenreich machen.

Diese Garnele *Periclimenes colemani* lebt als Kommensale auf dem Lederseeigel *Asthenosoma varium*, farblich bestens angepasst. Foto: K. Velling

Vergesellschaftung

Ausgewachsene Seeigel haben relativ wenige Fressfeinde, was vor allem an ihrem Stachelkleid liegt, das Räuber sehr effektiv auf Distanz hält. Ganz anders ist dies bei den Larven, die während ihres planktonischen Stadiums allerlei Planktonjägern und -filtrierern zum Opfer fallen. Selbst junge Seeigel von wenigen Millimetern Größe stehen bei zahlreichen Riffbewohnern auf der Speisekarte, etwa Falter- oder Lippfischen. Wer allerdings adulte Seeigel bewältigen will, muss darauf spezialisiert sein. Dies ist vor allem bei Drückerfischen der Fall, die meist nach einem ganz typischen Verhaltensmuster vorgehen, um sie zu überwältigen: Mit einem kräftigen Wasserstrahl, den sie unter den Seeigel „pusten", versuchen sie, das Tier umzudrehen, damit sich die Oralseite mit den kurzen Laufstacheln oben befindet. Liegt die Mundregion, die verletzlichste Stelle seines Körpers, frei, dann kann der Fisch mit seinem kräftigen Gebiss zufassen und den Mund/Kiefer-Apparat zerstören, um schließlich von der so geschaffenen Öffnung aus das kugelförmige Skelett zu knacken und die Weichteile zu fressen.

Ein Leopardendrücker (*Balistoides conspicillum*) beim artrichtigen Verzehr seiner Lieblingsspeise, einem Seeigel. Zuerst zwickt er die Stacheln ab, dann dreht er das Tier um, so dass die Oralseite mit den kurzen Laufstacheln freiliegt. Anschließend wird das Skelett vom Zahn/Kiefer-Apparat her geöffnet, um an die Weichteile zu gelangen. Fotos: E. Thaler

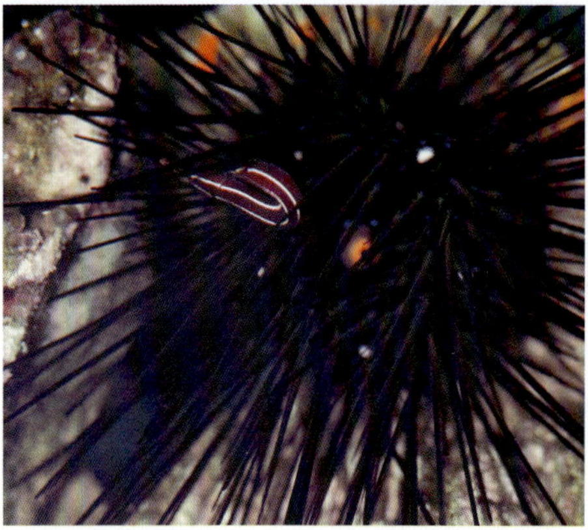

Der Schildbauch (*Diademichthys lineatus*) hat sich auf das kommensale Leben in Diademseeigeln spezialisiert.
Fotos: E. Thaler

Auch manche große Muränenarten fressen gelegentlich Seeigel, ebenso wie Kugel- und Igelfische. Hinzu kommen Lobster und andere große Krebse, bestimmte Gehäuseschnecken und manche Stachelhäuter. In der Natur gibt es noch weitere spezialisierte Seeigelfresser, etwa den Wolfsfisch (*Anarhichas lupus*), der sich zu 90 % von ihnen ernährt, oder den Fischotter, der sie auf faszinierende Weise mit Hilfe eines Steins als Werkzeug knackt – sie machen drei Viertel seiner Nahrung aus. Doch all dies ist für die Seeigelpflege im Meeresaquarium bedeutungslos. Hier ist es vor allem wichtig, Seeigel nicht zu Drücker-, Igel- und Kugelfischen zu setzen, weil das nicht gut gehen kann. Ansonsten sind der Vergesellschaftung von Seeigeln mit anderen Aquarienpfleglingen kaum Grenzen gesetzt.

Ausgesprochen reizvoll ist hingegen die gemeinsame Haltung eines Seeigels mit kommensalen Organismen. Die Schutzwirkung eines Seeigels – z. B. *Diadema setosum* mit seinen langen Stacheln – ist für kleine Tiere bisweilen enorm, weil kaum ein Räuber ihnen dorthin folgen kann. Dazu gehören beispielsweise Garnelen (z. B. *Periclimenes*, *Ste-*

Viele Partnergarnelen der Gattung *Periclimenes* leben mit Stachelhäutern assoziiert; diese hier hat sich farblich an *Diadema*-Seeigel angepasst.
Fotos: E. Thaler

Jungfische des Maulbrüters *Pterapogon kauderni* halten sich gern in Diademseeigeln auf, um zwischen deren Stacheln Schutz zu suchen. Auch ihre vertikalen Schwarzstreifen helfen bei der Tarnung. Fehlt im Aquarium ein solcher Seeigel, dann suchen sie oft nach Strukturen, die in gewisser Weise Ähnlichkeit mit einem Seeigel haben. Im Aquarium des Autors fanden sich Kauderni-Babys regelmäßig kurz nach der Freisetzung in einer bestimmten Röhrenkoralle *Knopia octocontacanalis* ein, deren lange Polypen für sie offenbar wie die Stacheln eines Seeigels wirkten, und sie blieben beharrlich zwischen oder über den Polypen.

gopontonia, *Alopontonia*) oder Krabben (z. B. *Echinoecus*, *Zebrida*), und auch Fische halten sich zeitweise zwischen seinen Stacheln auf (z. B. Schnepfenmesserfische *Aeoliscus*, Schildbäuche *Diademichthys*).

Ganz besonders attraktiv ist die Aufzucht eines Schwärmchens Kauderni-Kardinalfische (*Pterapogon kauderni*) in einem Diademseeigel (*Diadema setosum*). Ich habe selbst ein Aquarium mit regelmäßiger Freisetzung von Jungfischen durch ein maulbrütendes *P.-kauderni*-Paar erlebt, und in Ermangelung eines Seeigels sammelten sich bei jedem Wurf sämtliche Jungfische in einer Röhrenkoralle *Knopia octocontacanalis*, die mit ihren langen Polypen das „Seeigelähnlichste" war, was dieses Aquarium ihnen zu bieten hatte. Sämtliche Würfe dieser Art verbrachten praktisch Tag und Nacht in dieser Koralle und entfernten sich von ihr nur kurzzeitig, um vorbeitreibendes Schwebefutter zu erhaschen.

Einen Fall einer interessanten Kommensalen-Ansiedlung erlebte ich in einem großen Riffbecken an dem Bleistift-Diademseeigel (*Echinothrix calamaris*): Eine große Schar Rippenquallen siedelte sich an seinen Stacheln an und streckte die Nahrungsfangtentakel weit in das Wasser aus. Mehr als 50 dieser Kommensalen konnte ich zählen, und sie störten den Seeigel offensichtlich kaum. Diese Lebensgemeinschaft war im Aquarium entstanden, und sie stellt durchaus eine natürliche Form der Koexistenz dar, denn Rippenquallen der Gattung *Coeloplana* werden im Riff gelegentlich auf Exemplaren von *Diadema setosum* gefunden. Die Pflege solcher Zufallsgemeinschaften aus unterschiedlichen Organismen ist faszinierend.

Auswahl beim Aquaristik-Fachhändler

Wenn wir einen Seeigel beim Fachhändler auswählen, dann sollten wir zunächst erst einmal genau wissen, welche Gattung wir vor uns ha-

Auf diesem Bleistift-Diademseeigel (*Echinothrix calamaris*) siedelten sich im Aquarium Rippenquallen der Gattung *Coeloplana* an, eine Lebensgemeinschaft, die bei Diademseeigeln oft im Meer beobachtet werden kann.

ben,und welche Lebens- und Ernährungsweise bei diesem Tier zu erwarten sind. Am besten ist es, nicht vom vorhandenen Bestand ein Exemplar auszuwählen, sondern sich genau zu überlegen, welche Gattung und vielleicht auch Art man haben möchte, um dann mit einiger Geduld danach zu suchen. Nicht weniger wichtig ist, dass wir Schädigungen erkennen, bevor wir einen Seeigel kaufen. Er muss im Händlerbecken nicht unbedingt deutlich aktiv sein und sich fortbewegen, doch er darf keine Verletzungen haben und vor allem in Ruhe die Stacheln nicht hängen lassen. Auf den Rücken gedreht, muss er sich sofort langsam umdrehen, um wieder in seine normale Lage zu kommen.

Kleineren Exemplaren sollte man immer den Vorzug geben, weil sie sich besser an die Bedingungen des jeweiligen Aquariums anpassen können und anfangs weniger Nahrung brauchen. Ein großer Seeigel kann das Aquarium schneller von Algen befreien und beginnt dann auch früher mit dem Hungern.

Transport und Einsetzen

Das Ambulakralsystem, das alle Stachelhäuter besitzen, ist mit Flüssigkeit gefüllt. Da sie sich extrem langsam fortbewegen, sind sie nicht an plötzlich veränderte Umgebungsbedingungen gewöhnt, im Gegensatz zu Fischen, Krebsen und anderen mobilen Tieren. Alle Veränderungen machen ihnen schwer zu schaffen, und ein plötzlich steigender oder sinkender Salzgehalt wirkt sich dabei ganz besonders drastisch aus. Wenn ein Seeigel in Meerwasser mit stärkerem Salzgehalt gesetzt wird, dann strömt Wasser aus seinem Inneren nach außen, und das Ambulakralsystem schrumpft zusammen. Gelangt er stattdessen in Wasser mit geringerem Salzgehalt, dann wird durch den osmotischen Druck Wasser aus der Umgebung in sein Kanalsystem eindringen, es dehnen und sehr schnell zerstören. Dabei können einzelne Gefäße im Inneren des Tieres zerreißen, was Schäden verursacht, die irreparabel

Tripneustes gratilla im Verkaufsbecken

sind. Ein so geschädigtes Tier könnte sich schon unter natürlichen Bedingungen mit optimaler Nahrungszufuhr kaum erholen. Noch schlechter sind die Überlebenschancen in einem Aquarium mit ungenügendem Nahrungsangebot und vielleicht anderen Umgebungsfaktoren, die weniger optimal sind als unter natürlichen Voraussetzungen.

Seeigel müssen daher ebenso wie alle anderen Stachelhäuter immer ganz besonders sorgfältig und langsam umgewöhnt werden und dürfen niemals einfach vom Transportgefäß in das Aquarium gesetzt werden. Man sollte jedem Exemplar wenigstens eine Stunde Zeit lassen und beispielsweise alle fünf Minuten etwas Aquarienwasser hinzugeben, damit es sich langsam an die neuen Verhältnisse gewöhnen kann. Und sobald die Wasserverhältnisse gleich sind, muss der Seeigel unter Wasser umgesetzt werden, damit keine Luft in das Wasserkanalsystem gelangt.

Verendender *Tripneustes gratilla* im Händlerbecken; Verlust der Primärstacheln, Nekrose des Zahn-Kieferapparates: Dieses Exemplar ist mit einiger Sicherheit transportgeschädigt.

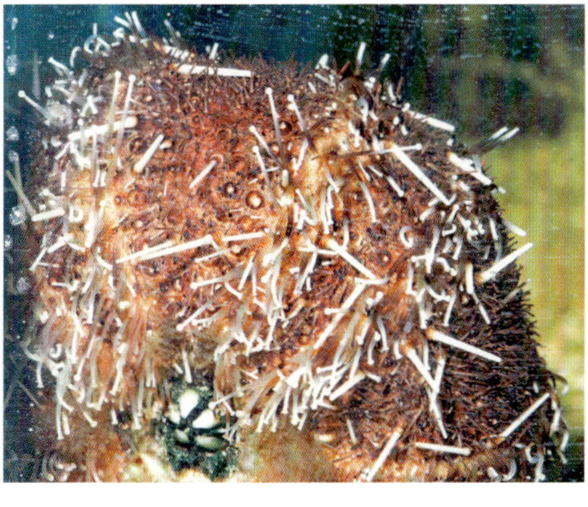

Eucidaris metularia
Foto: A. J. Nilsen

Im Fachhandel erhältliche Arten

Die im Folgenden aufgeführten Seeigel-Arten sind das, was man allgemein in der Meeresaquaristik als „reef safe“ bezeichnet, also „für Riffaquarien geeignet“. Das bedeutet aber keineswegs, dass sie bezüglich ihrer Ernährungsgewohnheiten so etwas wie „narrensicher“ wären. In den Kapiteln über die Ernährung im natürlichen Lebensraum und im Aquarium wurde angedeutet, dass sie in ihrer Nahrungswahl relativ opportunistisch sind und bei Ressourcenknappheit auf andere Nahrung ausweichen, um nicht zu verhungern. Darum muss bei abweichendem Fressverhalten und Schädigung der Wirbellosen durch einen Seeigel zuallererst geprüft werden, ob die von ihm benötigte Nahrung wirklich ausreichend vorhanden ist bzw. mit pflanzlicher Ersatzkost ergänzt werden kann.

Lanzenseeigel (Ordnung Cidaroida, Familie Cidaridae)

Eucidaris metularia

Deutscher Name: Kleiner Lanzenseeigel

Verbreitung: Indopazifik (Rotes Meer und Ostafrika bis Hawaii, nördlich bis Japan, südlich bis Australien)

Lebensraum: Gesamtes Riff von 2–30 m Tiefe, teilweise noch deutlich tiefer

Eucidaris tribuloides, in der Nahaufnahme sind die farbigen Sekundärstacheln deutlich zu sehen.

Größe, Gestalt: Körperdurchmesser 3 cm, Gesamtdurchmesser 10 cm, wenige dicke, griffelähnliche Stacheln, die stumpf enden, dazwischen hübsch gefärbte Reihen von Sekundärstacheln

Nahrung: Ernährt sich vor allem von Algen und frisst alle Arten einschließlich Kalk-Rotalgen, nimmt jedoch auch viele kleine sessile Wirbellose auf, wie Schwämme, Seescheiden, Bryozoen. Diese Art benötigt im Aquarium viel Lebendgestein mit reicher Mikrofauna. Manche Exemplare akzeptieren auch Ersatzfutter wie Krebs- oder Molluskenfleisch. Korallen werden in der Regel nicht geschädigt.

Haltungsbedingungen: Dieser Lanzenseeigel ist einigermaßen gut haltbar, wenn er eine reiche Mikrofauna im Aquarium findet. Wer Kalkalgenbewüchse auf dem Gestein bekommen oder erhalten möchte, sollte ihn jedoch nicht einsetzen.

Eucidaris tribuloides

Deutscher Name: Karibischer Lanzenseeigel

Verbreitung: Karibik (North Carolina bis Brasilien)

Lebensraum: Gesamtes Riff von 2–50 m Tiefe, teilweise noch erheblich tiefer

Größe, Gestalt: Körperdurchmesser 4 cm, Gesamtdurchmesser 13 cm, wenige dicke, griffelähnliche Stacheln, die stumpf enden und manchmal von Sekundärbesiedlern bewachsen sind, dazwischen hübsch gefärbte Reihen von Sekundärstacheln

Nahrung: Wie *Eucidaris metularia*

Haltungsbedingungen: Wie *Eucidaris metularia*

Eucidaris tribuloides

Phyllacanthus imperalis

Phyllacanthus imperalis

Deutscher Name: Imperator-Lanzenseeigel

Verbreitung: Indopazifik (Rotes Meer und Ostafrika bis Tonga und Marshall-Inseln)

Lebensraum: Gesamtes Riff von 0–15 m

Größe, Gestalt: Körperdurchmesser 8 cm, Gesamtdurchmesser 23 cm, wenige dicke, konisch zulaufende Stacheln, die stumpf enden. Oft sind die Stacheln von Sekundärbesiedlern bewachsen; Körper und Sekundärstacheln sind dunkelrot, Letztere im Basisbereich oft an die Primärstacheln gedrückt.

Der Zahn/Kiefer-Apparat von *Phyllacanthus imperalis* ist von schützenden Sekundärstacheln umgeben, die Angriffe von Räubern erschweren sollen.

Nahrung: Wie *Eucidaris metularia*, kann sich aber auch an größeren Wirbellosen vergreifen (z. B. Schwämme). Korallen werden jedoch in der Regel nicht geschädigt.

Haltungsbedingungen: Der Imperator-Lanzenseeigel ist recht gut haltbar, wenn er ausreichend Nahrung findet, was aufgrund seiner Größe nicht immer ganz einfach ist. Wer Kalkalgenbewüchse auf dem Gestein bekommen oder erhalten möchte, sollte ihn nicht einsetzen.

Diadema setosum

Diademseeigel (Ordnung Diadematoidea, Familie Diadematidae)

Diadema setosum

Deutscher Name: Diademseeigel

Verbreitung: Indopazifik (Rotes Meer und Ostafrika bis Südpazifische Inseln)

Lebensraum: Gesamtes Riff von 1–25 m, kommt oft in großen Gruppen von 20 und mehr Exemplaren vor

Größe, Gestalt: Körperdurchmesser 9 cm, Gesamtdurchmesser 40 cm, Stacheln sehr lang und meist tiefschwarz, wenngleich gelegentlich auch weiße Exemplare auftauchen. Juvenile Tiere zeigen an den Stacheln eine schwarzweiße Querbänderung. Typisch sind die meist stark kontrastierend orange gefärbte Analblase sowie fünf darum befindliche, leuchtend blaue Flecken.

Nahrung: Wie *Eucidaris metularia*, kann sich aber auch an größeren Wirbellosen vergreifen (z. B. Schwämme). Korallen werden jedoch in der Regel nicht geschädigt.

Besonderes: Diese Art ist in der Natur sehr oft Wirt für kommensale Organismen, nicht nur Fische und Krebse, sondern auch gelegentlich Rippenquallen der Gattung *Coeloplana*.

Haltungsbedingungen: *Diadema setosum*, im Riff einer der häufigsten Seeigel, ist sehr gut haltbar, wenn er ausreichend Nahrung findet. Manchmal ist das aufgrund seiner Größe schwierig, weil er vorhandene Algenbestände schnell dezimiert. In der Natur lebt er auch von sessilen Wirbellosen, die aber im Aquarium auch kaum zu finden sind. Wer Kalkalgenbewüchse auf dem Gestein bekommen oder erhalten möchte, sollte ihn nicht einsetzen.

Wichtig bei der Pflege des Diademseeigels ist vorsichtiges Hantieren, denn die Stacheln dringen extrem leicht in die Haut ein und brechen unmittelbar danach ab. Die Schmerzempfindungen, die dadurch verursacht werden, gehen über eine normale Stichverletzung weit hinaus, insbesondere an den Stellen der Hände, wo sich besonders viele sensible Nervenendigungen befinden. Da das Herausziehen durch die Widerhaken in keinem Fall gelingt, muss man warten, bis ein solches Stachelfragment durch eine Eiterung aus dem Körper herausgeschleust wird. In kritischen Fällen kann es aber auch durch einen chirurgischen Eingriff entfernt werden.

Diadema antillarum

Deutscher Name: Atlantischer Diademseeigel

Verbreitung: Atlantik (Golf von Mexiko und Bermudas bis Brasilien, Azoren, Madeira, Kanarische Inseln, Kapverdische Inseln, Golf von Guinea, Westafrika)

Diadema antillarum
Foto: A. J. Nilsen

Lebensraum: Gesamtes Riff von 1–50 m, oft noch erheblich tiefer, lebt häufig in großen Gruppen von 20 und mehr Exemplaren

Größe, Gestalt: Körperdurchmesser 10 cm, Gesamtdurchmesser 50 cm, Stacheln sehr lang und meist tiefschwarz, Körper nicht kugelförmig, sondern stark abgeflacht (Horizontaldurchmesser = doppelter Vertikaldurchmesser)

Nahrung: Frisst jegliche Algen einschließlich Kalkalgen und inkrustierender Wirbelloser (Schwämme, Seescheiden, Bryozoen, Krustenanemonen) sowie auch kleine Korallen. Diese Art braucht im Aquarium viel Lebendgestein mit reicher Mikrofauna und kann sich auch an größeren Wirbellosen vergreifen (z. B. Schwämme). Korallen können geschädigt werden, auch wenn dies nicht die Regel ist.

Besonderes: In der Natur ist diese Art oft Wirt für kommensale Organismen wie Krebse (z. B. Garnelen, Mysiiden), aber auch Jungfische verschiedener Arten.

Haltungsbedingungen: Der Atlantische Diademseeigel ist sehr gut haltbar. Prinzipiell entsprechen die Haltungsbedingungen denen von *Diadema setosum* (s. dort), doch er neigt etwas mehr als dieser dazu, Korallen zu schädigen. Das Fressverhalten ist stark abhängig vom Nahrungsangebot. Siehe auch den Hinweis zur Verletzungsgefahr unter *Diadema setosum*.

Astropyga radiata

Deutscher Name: Roter Diademseeigel

Verbreitung: Indopazifik (Süd- und Ostafrika bis Hawaii), in der Karibik als *A. magnifica* beschrieben

Lebensraum: Gesamtes Riff von 10–30 m, oft noch erheblich tiefer, lebt häufig in großen Gruppen von 20 und mehr Exemplaren

Größe, Gestalt: Körperdurchmesser 20 cm, Gesamtdurchmesser 45 cm, Primärstacheln gelblich, rot gebändert, lang und spitz, Sekundärstacheln ebenso gefärbt, dünn und spitz, zwischen den Stacheln befinden sich vertikale Reihen blauer Punkte; weißlich transparente Analblase auf der Aboralseite.

Nahrung: Omnivor, frisst unterschiedlichste Algen, einschließlich Kalkalgen, sowie inkrustierende Wirbellose (Schwämmen, Seescheiden, Bryozoen), aber auch Aas. Je schlechter die Mikrofauna im Aquarium entwickelt ist, umso größer wird die Gefahr, dass dieser Seeigel sich auch an größeren Wirbellosen vergreift (z. B. an Schwämmen). Korallen können geschädigt werden, obgleich dies nicht die Regel ist.

Besonderes: In der Natur ist diese Art oft Wirt für kommensale Tiere, etwa Garnelen (z. B. *Periclimenes*) oder Fische (z. B. *Siphamia versicolor*), auch Jungfische (z. B. *Lutjanus sebae*).

Astropyga radiata

Haltungsbedingungen: Der Rote Diademseeigel ist sehr gut haltbar. Prinzipiell entsprechen die Haltungsbedingungen denen von *Diadema setosum* (s. dort), doch er neigt etwas mehr als dieser dazu, Korallen zu schädigen; das Fressverhalten ist stark abhängig vom Nahrungsangebot. Diese Art ist im Fressverhalten opportunistischer als viele andere Diademseeigel, was einerseits die gelegentlichen Übergriffe auf Korallen erklärt, andererseits aber auch die größere Bereitschaft, Ersatzfutter anzunehmen. Dieser Aasfresser ist in der Regel leicht zu ernähren. Siehe auch den Hinweis zur Verletzungsgefahr unter *Diadema setosum.*

Echinothrix calamaris

Deutscher Name: Bleistift-Diademseeigel

Verbreitung: Indopazifik (Rotes Meer und Ostafrika bis Hawaii und Polynesien)

Lebensraum: Gesamtes Riff von 1–40 m, oft noch erheblich tiefer, lebt häufig in großen Gruppen von 20 und mehr Exemplaren

Größe, Gestalt: Körperdurchmesser 15 cm, Gesamtdurchmesser 30 cm, Primärstacheln braun-weiß gebändert, kürzer und dicker als bei *Diadema* spp., hellbraune Sekundärstacheln extrem dünn, spitz und relativ lang

Nahrung: Wie *Diadema antillarum*

Besonderes: Wie *Astropyga radiata*

Haltungsbedingungen: Der Bleistift-Diademseeigel ist sehr gut haltbar. Prinzipiell entsprechen die Haltungsbedingungen denen von *Diadema setosum* (s. dort), doch er neigt etwas mehr als dieser dazu, Korallen zu schädigen; das Fressverhalten ist stark abhängig vom Nahrungsangebot. Die Primärstacheln sind nicht sehr spitz und daher recht ungefährlich, doch die Sekundärstacheln durchdringen die Haut extrem leicht und besitzen zudem einen Hautüberzug mit giftigen Drüsen, die schmerzauslösende Substanzen in die Wunde bringen. Siehe auch den Hinweis zur Verletzungsgefahr unter *Diadema setosum*.

Gewöhnlich hat *Echinothrix calamaris* quer gebänderte Primärstacheln, doch gelegentlich tauchen auch weißstachlige Exemplare auf. Das hier gezeigte Exemplar hat im Aquarium seine Querbänder verloren.

Kugelseeigel (Ordnung Temnopleuroida, Familie Temnopleuridae)

Mespilia globulus

Deutscher Name: Kugelseeigel

Verbreitung: Zentraler Indopazifik (Malediven bis Fidschi-Inseln, besonders oft im indo-australischen Archipel anzutreffen)

Lebensraum: Flachwasserzone von 0–5 m, oft noch erheblich tiefer, lebt häufig in großen Gruppen von 20 und mehr Exemplaren

Mespilia globulus

Größe, Gestalt: Körperdurchmesser 7 cm, Gesamtdurchmesser 8 cm, extrem kurze, bräunlich weiß quer gestreifte Primärstacheln, die in vertikalen Streifen angeordnet sind, dazwischen samtig wirkende, schwärzliche, dunkelblaue oder grünliche Zonen. Das samtige Aussehen der stachelfreien Zonen kommt durch unzählige winzige Pedicellarien zustande, die der Reinigung dienen.

Nahrung: Hervorragender Algenfresser, der allerdings auch Kalkalgen frisst, vor allem, wenn andere Algennahrung knapp wird.

Besonderes: Charakteristisch für diese Art ist das Tarnen mit allerlei Kleinteilen, die auf die Aboralseite verbracht und von den Saugfüßchen festgehalten werden. Meist handelt es sich dabei um Algen oder Korallenbruchstücke, gelegentlich jedoch auch um andere Dinge (z. B. Thermometer, Schwämme, lebende Korallen)

Mespilia globulus tarnt sich gern mit Algen oder anderem.
Foto: E. Thaler

Haltungsbedingungen: Der Kugelseeigel ist einer der am besten für die Haltung im Korallenriffaquarium geeigneten Seeigel. Er ist friedlich, robust und schädigt keine Korallen. Allerdings braucht er dauerhaft ausreichend Algennahrung, so dass man keinesfalls eine größere Zahl einsetzen sollte, wenn die Nahrungsgrundlage nicht langfristig gesichert ist. Auch Vorsicht bei Nahrungskonkurrenz durch herbivore Fische! Eine Verletzungsgefahr besteht beim vorsichtigen Hantieren mit diesem Seeigel praktisch nicht.

Salmacis bicolor

Salmacis bicolor

Deutscher Name: Zweifarben-Kugelseeigel

Verbreitung: Rotes Meer und Ostafrika bis zentraler Indopazifik

Lebensraum: 2–50 m Tiefe im Riff

Größe, Gestalt: Körperdurchmesser 10 cm, Gesamtdurchmesser 12 cm, extrem kurze, rote Primärstacheln, die gelb, weißlich oder grünlich quer gestreift sind.

Nahrung: Hervorragender Algenfresser, der jedoch recht opportunistisch ist. Er benötigt Lebendgestein mit sehr gut entwickelter Mikrofauna.

Haltungsbedingungen: Der Zweifarben-Kugelseeigel ist gut für ein Korallenriffaquarium geeignet, wenn er keinen Nahrungsmangel erleidet. Falls doch, löst er das Problem selbst zum Nachteil des Pflegers: Er schädigt Wirbellose, und zwar recht kompromisslos. Glücklicherweise akzeptiert er das meiste Ersatzfutter und ist daher leicht zu ernähren, wenn man sich die nötige Mühe macht. Er benötigt dauerhaft ausreichend Algennahrung, so dass man keinesfalls mehrere Exemplare in ein Becken herkömmlicher Größe (ca. 400–800 l) einsetzen sollte, weil dann die Nahrungsgrundlage nicht langfristig gesichert ist. Auch Vorsicht bei Nahrungskonkurrenz durch herbivore Fische! Eine Verletzungsgefahr besteht beim vorsichtigen Hantieren mit diesem Seeigel praktisch nicht.

Salmacis bicolor tarnt sich gern z. B. mit Korallenbruchstücken.

Temnopleurus toreomaticus

Temnopleurus toreomaticus

Deutscher Name: Variabler Kugelseeigel

Verbreitung: Von Ostafrika und dem Ost-Madagaskar bis zu den Südpazifischen Inseln einschließlich Neukaledonien

Lebensraum: Flachwasserzone von 2–40 m, bisweilen in hoher Populationsdichte

Größe, Gestalt: Körperdurchmesser 7 cm, Gesamtdurchmesser 8 cm, kurze Primärstacheln, die unterschiedlich gefärbt sein können, z. B. rötlich gestreift oder bläulich violett, die Corona ist hellbeige und besitzt dunkle, vertikale Bänder.

Nahrung: Wie *Mespilia globulus*

Haltungsbedingungen: Der Variable Kugelseeigel ist hervorragend für ein Korallenriffaquarium geeignet. Er ist friedlich, robust und schädigt im Regelfall keine Korallen. Allerdings braucht er dauerhaft ausreichend Algennahrung, so dass man keinesfalls eine größere Zahl der Tiere in das Aquarium setzen sollte. Auch Vorsicht bei Nahrungskonkurrenz durch herbivore Fische!

Giftseeigel
(Ordnung Temnopleuroida, Familie Toxopneustidae)

Toxopneustes roseus

Deutscher Name: Rosen-Seeigel

Verbreitung: Östlicher Pazifik, ähnliche Arten *T. pileolus* und *T. maculatus* im Indopazifik

Toxopneustes roseus

Lebensraum: 1–90 m Tiefe im Riff

Größe, Gestalt: Körperdurchmesser 14 cm, Gesamtdurchmesser 18 cm, quer gestreifte Primärstacheln kurz und relativ wenig spitz, Sekundärstacheln sind in großen, giftigen Pedicellarien verborgen.

Nahrung: Algen und tierische Nahrung (kleine Wirbellose), die mit den giftigen Pedicellarien gefangen wird

Haltungsbedingungen: Der Rosenseeigel (*Toxopneustes roseus*) sowie die beiden Gattungsgenossen *T. pileolus* und *T. maculatus* gehören zu den giftigsten aller Seeigel und sind wahrscheinlich die einzigen, die den Menschen in Lebensgefahr bringen können. Diese drei extrem giftigen Seeigelarten sind für die Pflege durch einen privaten Meerwasseraquarianer daher völlig unpassend und sollten darum weder im Handel angeboten noch vom Aquarianer erworben werden. Exemplare, die im Handel auftauchen, sollten möglichst an ein öffentliches Schauaquarium weitergereicht werden.

Sobald die Pedicellarien Fremdkörperkontakt haben, klappen sie zusammen und injizieren das Gift. Menschliche Haut kann an dünnen Stellen durchdrungen werden. Das Gift blockiert Nervensignale und hat dadurch eine lähmende Wirkung. Symptome sind vor allem Lähmungen in Gesichtsmuskulatur und Extremitäten, darüber hinaus Schock und ausgeprägte Schmerzsymptomatik, in extremen Fällen Atemlähmung und Herz-Kreislauf-Stillstand. Die schlimmsten Lähmungserscheinungen sind meist nach ca. 20 Minuten vorbei, doch Extremitätenlähmungen und Sprechschwierigkeiten (Lähmung der Zungenmuskulatur) können viele Stunden andauern.

Tripneustes gratilla mit gängiger Stachelfärbung

Tripneustes gratilla

Deutscher Name: Pfaffenhut-Seeigel

Verbreitung: Indopazifik, Rotes Meer und Ostafrika bis Hawaii

Lebensraum: 1–70 m, in Lagune, Seegraswiese und am Riffhang

Größe, Gestalt: Körperdurchmesser 12 cm, Gesamtdurchmesser 14 cm, kurze Stacheln, die in vertikalen Streifen angeordnet sind, dazwischen stachelfreie Vertikalzonen, die dicht mit giftigen Pedicellarien besetzt sind. Das Spektrum an Farbmorphen ist groß; die Stacheln sind meist weiß oder gelblich, können aber auch rot sein. Die farblich in der Regel kontrastierenden, pedicellarienbesetzten Zonen sind meist schwärzlich blau, können jedoch auch bräunlich, orange, violett, weiß oder schwarz sein.

Tripneustes gratilla tarnt sich gern mit Algen oder Korallenbruch.

Nahrung: Wie *Toxopneustes roseus*

Haltungsbedingungen: Der Pfaffenhutseeigel ist einer der besten Algenvertilger und hilft oft auch bei besonders problematischen Algen, an die sonst keine herbivoren Organismen gehen (z. B. *Cladophoropsis* spp.). Solange er ausreichend Algennahrung erhält, sind Schä-

Tripneustes gratilla mit roten Primärstacheln

digungen von Korallen und anderen Wirbellosen unwahrscheinlich. Kommt es dennoch dazu, sollte man das als Hinweis auf einen Nahrungsmangel werten und entweder für Algenkost sorgen oder die Zahl der *T.-gratilla*-Exemplare reduzieren. Im Riff ist diese Art einer der häufigsten Seeigel.

Charakteristisch für diese Art ist das Tarnen mit allerlei Kleinteilen, die auf die Aboralseite verbracht und von den Saugfüßchen festgehalten werden. Meist handelt es sich dabei um Algen oder Korallenbruchstücken, gelegentlich jedoch auch um andere Gegenstände (z. B. Thermometer, Schwämme, lebende Korallen).

Diese Art ist prinzipiell giftig. Bei vorsichtigem Hantieren, vor allem, wenn Kontakt mit dünnen Hautpartien (Innenseite des Unterarms, aber auch Handrücken) vermieden wird, kommt es jedoch selten zu Stichen, die die Haut durchdringen, so dass von der Aquarienpflege nicht abgeraten werden muss. Die Giftwirkung ist für den Menschen nicht gefährlich, löst aber Schmerzen, Blutdruckabfall, Hämolyse (Platzen roter Blutkörperchen) aus, sowie einen Ausstoß des Gewebshormons Histamin.

Tripneustes ventricosus aus der Karibik kommt selten in den Handel

Echinometra mathaei

Bohrseeigel (Ordnung Echinoida, Familie Echinometridae)

Echinometra mathaei

Deutscher Name: Riffdach-Bohrseeigel

Verbreitung: Indopazifik, westlicher Indischer Ozean bis Hawaii

Lebensraum: 1–6 m, Flachwasser, Gezeitenzone bis Riffdach

Größe, Gestalt: Körperdurchmesser 8 cm, Gesamtdurchmesser 15 cm, kurze, dicke und ausgeprägt konische Primärstacheln, die spitz enden, Farbe grau bis bräunlich, an der Basis der Stacheln befindet sich ein weißer Ring. Der Körper ist schwarz.

Nahrung: Dieser Seeigel ist eine der wenigen rein herbivoren Arten und frisst nahezu alle Algen, auch Kalkalgen.

Haltungsbedingungen: *Echinometra mathaei* ist im Flachwasser der Korallenriffe von der Gezeitenzone bis zur Riffkante einer der häufigsten Seeigel. Im Aquarium benötigt er viel Lebendgestein, das mit unterschiedlichsten Algen bewachsen ist, und starke Nahrungskonkurrenz durch herbivore Fische macht ihm schnell Schwierigkeiten. Eine Zusatzfütterung mit pflanzlicher Kost (Blattalgen, blanchierter Löwenzahn, Nori-

Algenblätter) kann versucht werden. Diese Art gehört im Aquarium zu den besten Algenvertilgern und ist gegenüber Korallen harmlos. Juvenile Exemplare lassen sich allerdings mit der täuschend ähnlich aussehenden Art *Parasalenia gatiosa* verwechseln, die sich auf Korallen als Nahrung spezialisiert hat. Die Ähnlichkeit geht so weit, dass *P. gratiosa* an der Stachelbasis den gleichen charakteristischen Ring hat wie *E. mathaei*. Allerdings bleibt *P. gratiosa* sehr klein (Körperdurchmesser 2 cm) und ist dadurch von mittelgroßen bis großen *E. mathaei* leicht zu unterscheiden.

Feuerseeigel
(Ordnung Echinothuriida, Familie Echinothuriidae)

Asthenosoma varium

Deutscher Name: Feuerseeigel, Lederseeigel

Verbreitung: Indopazifik, vom Roten Meer und Ostafrika bis zum zentralen Indopazifik (Philippinen, Indonesien) und Australien

Lebensraum: 1–6 m, Flachwasser, Gezeitenzone bis Riffdach

Größe, Gestalt: Körperdurchmesser 25 cm, die ähnliche Art *A. ijimai* bis 20 cm, wenige kurze, weiße Primärstacheln, aber sehr viele

Wunderschön, aber hochgiftig: der Lederseeigel (*Asthenosoma varium*)
Foto: K. Velling

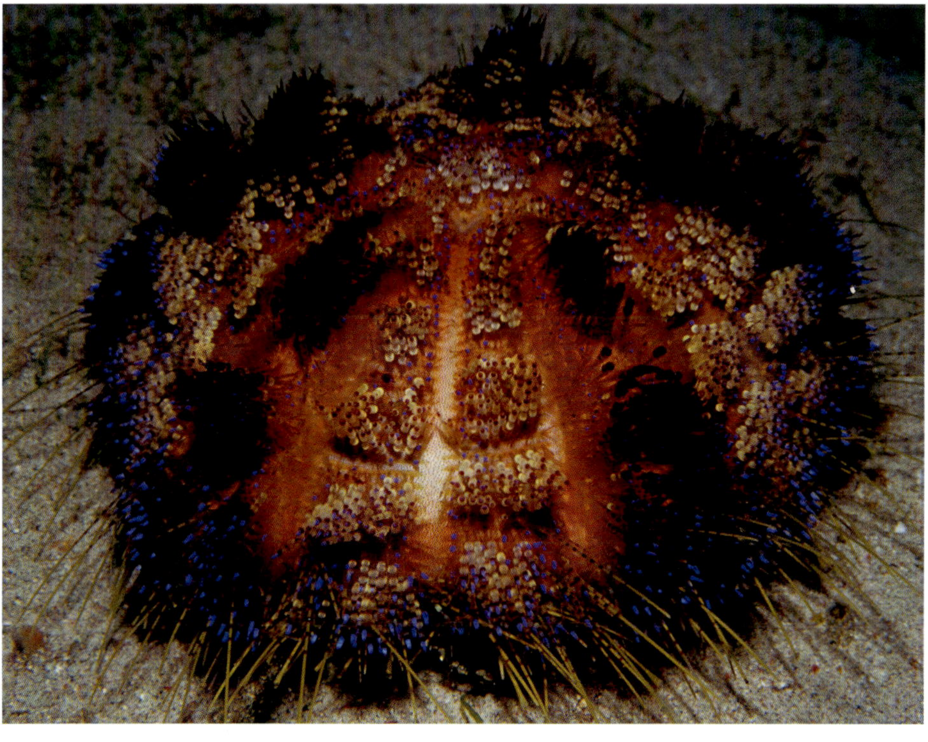

kleinere Sekundärstacheln, alle von einer Haut umgeben, die eine Blase bildet. Diese Sekundärstacheln injizieren das Gift des Feuerseeigels. Die Gesamterscheinung dieses Seeigels kann außerordentlich farbenfroh sein, oft mit ästhetisch ausgesprochen reizvollen Farbkontrasten zwischen Rot, Gelb und kräftigem Blau. Die Grundfärbung kann purpurrot, gelblich-braun, grünlich oder weißlich sein.

Nahrung: *Asthenosoma varium* und die verwandte Art *A. ijimai* sind extrem hungrige Allesfresser, die einen Korallenbestand ruinieren können. Sie nehmen jedoch nahezu jede Ersatznahrung gierig an und sind dadurch leicht zu ernähren.

Besonderes: Der Populärname „Lederseeigel“ geht darauf zurück, dass die Skelettplatten dieser Art nicht miteinander verwachsen sind, sondern nebeneinander liegen und verschiebbar sind, so dass ihr kugeliges Skelett nicht starr ist, sondern sich verformen und der Untergrundstruktur anpassen kann. Der Feuerseeigel ist oft Wirt für kommensale Organismen, etwa Garnelen (z. B. *Periclimenes colemani*, *Allopontonia iaini*), Krebse (z. B. *Zebrida adamsii*) oder Seeigel-Kardinalfische der Gattung *Siphamia*.

Haltungsbedingungen: *Asthenosoma varium* und *A. ijimai* gehören zu den giftigsten Seeigeln. Die Verabreichung des Giftes erfolgt durch die Sekundärstacheln, die mit einer deutlich sichtbaren Giftblase ausgestattet sind. Diese Stacheln dringen in die Haut ein und brechen dabei ab, was weitere Komplikationen mit sich bringt. Die Primärsymptome sind jedoch starke Schmerzen und Gewebeschwellung. Das Gift dieser beiden Arten ist noch nicht erforscht, weil es zu instabil ist, um es unter Laborbedingungen zu untersuchen (MEBS 2000). Als Gegenmaßnahme wird gelegentlich empfohlen, das Gift durch Hitze zu denaturieren und damit seine Wirkung abzuschwächen, indem die Hand in heißes Wasser gehalten wird. Dies kann jedoch eine Verbrühung nach sich ziehen, deren Schmerz länger anhält als der durch das Seeigelgift verursachte.

Diese beiden sehr groß werdenden, omnivoren und sehr giftigen Seeigelarten sind für ein privates Meerwasseraquarium völlig unpassend und sollten darum weder im Handel angeboten noch vom Aquarianer erworben werden. Exemplare, die im Handel auftauchen, sollten möglichst an ein öffentliches Schauaquarium weitergereicht werden.

Irreguläre Seeigel – hier ein Exemplar der Gattung *Clypeaster* – sind die meiste Zeit über im Bodengrund vergraben und bestenfalls als Erhebung im Boden zu sehen (siehe unten). Das im Bild gezeigte Tier lebt in zu grob gekörntem Bodengrund; empfehlenswert ist eine Körnung unterhalb von einem Millimeter.

Irreguläre Seeigel (Überordnungen Gnathostomata und Atelostomata)

Verbreitung: Zahlreiche Arten aus dem gesamten Indopazifik

Lebensraum: Bodengrundzone

Gestalt: Stark abgeflachter Körper mit leicht bilateraler Symmetrie, dicht besetzt mit extrem kurzen Stacheln; die Färbung ist bei fast allen Arten unauffällig sandfarben, beigegrau bis weißgelb oder hellrot-braun

Nahrung: Irreguläre Seeigel ernähren sich fast immer von winzigen Tieren im Bodengrund, Aas und organischem Detritus. Manche Arten haben sich auf tierische oder pflanzliche Nahrung spezialisiert, doch die meisten sind omnivor, fressen also beides.

Besonderes: Irreguläre Seeigel tauchen im Aquaristikhandel selten auf, und mit ihnen liegen nur wenige aquaristische Erfahrungen vor. Auch über die Systematik ist aquaristisch nur wenig bekannt, doch sie sind so nützliche Sandzonenbewohner, dass sie hier zumindest als Gruppe vorgestellt werden sollen. Das wesentliche Unterscheidungsmerkmal innerhalb dieser Gruppe ist das Vorhandensein oder Fehlen des Mund-Kiefer-Apparates, der „Laterne des Aristoteles"; Arten der Überordnung Gnathostomata besitzen sie, jene der Überordnung Atelostomata nicht.

Haltungsbedingungen: Irreguläre Seeigel sind grundsätzlich im Aquarium harmlos, robust und ausdauernd, vorausgesetzt, sie finden eine dicke Schicht feinen Bodengrunds mit reichhaltiger Mikrofauna. Zwar ist es oft auch möglich, ihnen Ersatznahrung zu reichen, doch das genügt kaum, um sie artgerecht zu ernähren. Besonders in einem frisch eingerichteten Aquarium mit „sterilem" Bodengrund haben sie keine Überlebenschance, ebenso in Becken mit zu dünner Bodenschicht (weniger als 5 cm) oder zu grober Körnung (mehr als 1 mm). Als Sandzonenbewohner eignen sie sich hervorragend für ein Aquarium mit Tiefsandbettfilter („DSB"), denn sie arbeiten große Mengen des feinen Sandes regelmäßig durch und tragen auf diese Weise dazu bei, die Entstehung schwärzlicher Zonen mit einer folgenschweren Sulfatreduktion zu verhindern.

Literatur

COLIN, P. & C. ARNESON (1989): Tropical Pacific Invertebrates. – Coral Reef Press, Beverly Hills, California (USA).
DEBELIUS, H. (1999): Riff-Führer Indischer Ozean – Jahr-Verlag, Hamburg.
- (2000): Riff-Führer Rotes Meer – Kosmos-Verlag, Stuttgart.
- (2001): Riff-Führer Südostasien – Jahr-Verlag, Hamburg.
FOSSÅ, S. & A. J. NILSEN (1998): Korallenriff-Aquarium, Band 6. – Schmettkamp-Verlag, Bornheim.
HALSTEAD, B. (2000): Riff-Führer Korallenmeer – Jahr-Verlag, Hamburg.

Echinometra mathaei

Eucidaris tribuloides

HUMANN, P. (2000): Niedere Tiere Karibik – Jahr-Verlag, Hamburg.
KNOP, D. (2008): Seesterne im Meerwasseraquarium – Natur und Tier - Verlag, Münster.
- (2008): Riffaquaristik für Einsteiger, 5. Aufl. – Dähne-Verlag, Ettlingen.
MEBS, D. (1989): Gifte im Riff – Toxikologie und Biochemie eines Lebensraumes. – Wiss. Verl.-Anstalt, Stuttgart.
- (2008): Gifttiere – Ein Handbuch für Biologen, Toxikologen, Ärzte und Apotheker. – Wiss. Verl.-Anstalt, Stuttgart.
SPRUNG, J. (2000): Wirbellose – Ein Bestimmungsbuch. – Dähne-Verlag, Ettlingen.
STORCH, V. & U. WELSCH (1989): Kurzes Lehrbuch der Zoologie. – Spektrum Akademischer Verlag, Heidelberg.
STORCH, V. & U. WELSCH (1989): Systematische Zoologie, 6. Aufl. – Spektrum Akademischer Verlag, Heidelberg.
STORCH, V., U. WELSCH & M. WINK (1989): Evolutionsbiologie. – Springer-Verlag, Heidelberg.
WIRTZ, P. & H. DEBELIUS (2003): Niedere Tiere Mittelmeer und Atlantik – Jahr-Verlag, Hamburg.

Echinothrix calamaris